Mit freundlicher Empfehlung

Naturwaren ^{OHG}

Dr. Peter Theiss, Homburg/Saar

Die Ringelblume

Botanik, Chemie, Pharmakologie, Toxikologie, Pharmazie und therapeutische Verwendung

von Dr. Otto Isaac, Hanau

mit 28 Schwarzweiß-
und 12 vierfarbigen Abbildungen

Wissenschaftliche Verlagsgesellschaft mbH Stuttgart 1992

Bildnachweis

Reprintverlag Konrad Kölbl KG: Abb. 1,4
H. Becker, Saarbrücken: Abb. 2,33
V. Oravec, Nova Ľubovňa: Abb. 3,8
Naturwaren OHG Dr. Peter Theiss: Abb. 5,
6, 10, 31; 2 Umschlagfotos
A. Lude, Marburg: Abb. 7
Facsimilia Art & Edition Ebert KG:
Abb. 26
Flavex Naturextrakte GmbH: Abb. 29

Die Deutsche Bibliothek – CIP-Einheitsaufnahme

Isaac, Otto:
Die Ringelblume: Botanik, Chemie, Pharmakologie,
Toxikologie, Pharmazie und therapeutische Verwendung;
Handbuch für Ärzte, Apotheker und andere
Naturwissenschaftler; 21 Tabellen / von Otto Isaac. –
Stuttgart: Wiss. Verl.-Ges., 1992
  ISBN 3-8047-1227-4

Vorwort

The Marigold that
Goes to bed wi' the sun
And with him rises
Weeping

The Winters Tale

Die Ringelblume oder Calendula, wie man sie mit ihrem botanischen Namen zu nennen pflegt, hat eine wechselvolle Geschichte hinter sich. Ihr Ursprung als Wildpflanze wird in den Höhen des Atlas-Gebirges im nordwestlichen Afrika vermutet. Heute kennt man sie mit ihren leuchtend gelben oder orangeroten Blütenköpfchen nur noch als attraktive Garten- oder Kulturpflanze, verbreitet über die ganze Welt. Allenfalls trifft man verwilderte Exemplare hie und da auf Schutthalden und an Wegrändern, wo sich die Ringelblume aber nur vorübergehend hält.

Ihre erstmalige Erwähnung als Arzneipflanze verdankt die Ringelblume der hl. Hildegard von Bingen, der berühmten Äbtissin des Klosters auf dem Rupertsberg. Im Mittelalter wegen ihrer Heilkräfte häufig gerühmt, erreichte die Ringelblume im 19. Jahrhundert den Höhepunkt ihrer therapeutischen Verwendung, als man ihr sogar die Fähigkeit zur Heilung bösartiger Erkrankungen zuschrieb. Damit hatte man ihre Heilkraft zweifellos überschätzt, und in der Folge verblaßte ihr Ruhm zusehends, zumal auch der Siegeslauf der synthetischen Arzneimittel die traditionellen Heilmittel mehr und mehr verdrängte.

Mit der Rückbesinnung auf die Heilkräfte der Pflanzen hat auch die Ringelblume wieder an Bedeutung gewonnen, wenn auch zunächst mehr als Schmuckdroge in Teemischungen. Seit dem Aufkommen der Teebeutel sind andererseits Schmuckdrogen nicht mehr so sehr gefragt, es sei denn als Potpourris; bei dieser aus den angelsächsischen Ländern überkommenen Sitte haben die Ringelblumenblüten neben den Blüten von Malven, Hibiscus und anderen mit ihrer leuchtenden Farbe einen hohen Beliebtheitsgrad.

Hartnäckig hat sich durch die Zeitläufte hindurch die Verwendung der Ringelblumen in der Volksmedizin gehalten. In den letzten Jahren ist die Ringelblumen-Salbe, die schon bei der hl. Hildegard im Gebrauch war, wieder eine Säule der Selbstmedikation geworden.

In den osteuropäischen Ländern findet die Ringelblume seit jeher stärkere medizinische Beachtung als bei uns. Vor einigen Jahren wurde die jährliche Erzeugung von Calendula-Tinktur in der vormaligen UdSSR auf 50 t geschätzt. In Deutschland beträgt der Bedarf an Ringelblumenblüten jährlich 100 bis 200 t, Tendenz steigend.

Seit alters her wird der Ringelblume besonders ein positiver Einfluß auf die Funktionen der Haut zugeschrieben. Im Vordergrund steht dabei die Anwendung bei schlecht heilenden Wunden, Verbrennungen und Krampfadern. Aber auch in der Schönheitspflege als Hauttonikum und zum Schutz empfindlicher Haut spielen Ringelblumenzubereitungen eine nicht unbedeutende Rolle. So nimmt es nicht wunder, daß neben der Selbstmedikation auch die Kosmetik sich der Ringelblume in den letzten Jahren in erstaunlichem Maße angenommen hat.

Mit der Verwendung in der Heilkunde und in der Kosmetik nimmt auch das wissenschaftliche Interesse an der Ringelblume ständig zu. Die Einschätzung ihres therapeutischen Nutzens ist um so schwieriger, als die Wirkprinzipien der Calendula noch unzureichend geklärt sind. Inzwischen scheint sich ein Wandel anzubahnen. Das Augenmerk richtet sich in jüngster Zeit vor allem auf die in den Blüten reichlich vorhandenen Triterpenalkohole, die mit lipophilen Lösungsmitteln, wie Kohlendioxid, leicht extrahierbar sind: Den Triterpendiolen, besonders den Faradiol-3-monoestern, kommt bei topischer Applikation eine dosisabhängige antiinflammatorische Aktivität zu.

Bemerkenswert ist auch die – für Asteraceen ungewöhnliche – Abwesenheit von Sesquiterpenlactonen. Hängt es wohl damit zusammen, daß Ringelblumen allem Anschein nach selten Kontaktallergien auslösen, wie zum Beispiel Arnikablüten selbst bei bestimmungsgemäßem Gebrauch?

Die Fülle an wissenschaftlichen Arbeiten und Informationen aus den verschiedenen Disziplinen hat den Anlaß für das vorliegende Buch gegeben. Es soll dem Leser einen möglichst umfassenden Überblick darüber verschaffen, was auf den verschiedenen Wissensgebieten über die Ringelblume bereits erarbeitet worden ist. Dabei werden zweifellos Lücken sichtbar, die der künftigen Bearbeitung harren. Möge dieses Buch also zu einer verstärkten wissenschaftlichen Beschäftigung mit der Ringelblume anregen.

Allen, die zur Entstehung dieses Buches beigetragen haben, sei an dieser Stelle herzlich gedankt. Mein besonderer Dank gilt Frau Barbara Theiss und Herrn Dr. Peter Theiss, durch deren wertvolle Hilfe und Unterstützung dieses Buch erst ermöglicht worden ist. Für Hinweise und Anregungen danke ich ferner Herrn Prof. Dr. Hans Becker, Herrn Prof. Dr. Roberto Della Loggia, Herrn Dr. Peter Černaj, Herrn Ing. Viliam Oravec und Herrn Horst Müggenburg. Herrn Dr. Reinhold Carle danke ich für seine Hinweise bei der Klärung botanischer Sachfragen. Für seine freundliche Unterstützung durch Beschaffung und Übersetzung osteuropäischer Literatur bin ich Herrn Dr. Miroslav Karmazín in besonderem Maße zu Dank verpflichtet. Ihre freundliche Hilfe bei der Bearbeitung, vornehmlich des pharmazeutischen Teils, gewährten mir dankenswerterweise Frau Dr. Zsuzsanna Leitner und Frau Ina Keßler von der Fa. Naturwaren OHG.

Für die freundliche Überlassung von Abbildungen bedanke ich mich bei Frau Barbara Theiss von der Fa. Naturwaren OHG Dr. Peter Theiss in Homburg/Saar, den Herren Dr. Gerard und Dr. Quirin von der Fa. Flavex Naturextrakte GmbH in Rehlingen, Herrn Ing.

Oravec von der Landwirtschaftlichen Genossenschaft „Rozkvet" in Nova Ľubovňa (ČSFR), Herrn Armin Lude, Marburg, sowie Herrn Prof. Dr. Hans Becker vom Institut für Pharmakognosie und Analytische Phytochemie der Universität des Saarlandes.

Hanau, im Mai 1992   Otto Isaac

Inhaltsverzeichnis

1. Botanik

2. Chemie der Inhaltsstoffe

3. Pharmakologie und Toxikologie

4. Therapeutische Anwendung und sonstige Verwendung

5. Pharmazie der Ringelblume

6. Arzneibücher und andere Monographien

1 Botanik

Die Ringelblume, Calendula officinalis L., ist eine alte Kulturpflanze, deren Ursprung im nordwestlichen Afrika vermutet wird. Sie wird in vielen Teilen der Welt als Gartenpflanze kultiviert. Mit ihren leuchtendgelben bis orangeroten Blüten erfreut sie sich großer Beliebtheit. Zur Drogengewinnung werden vorwiegend gefüllt blühende Formen angebaut. Die Ringelblume stellt geringe Ansprüche an Boden und Düngung, doch ist der Anbau durch Unkräuter, Krankheiten und Schädlinge gefährdet. Handelsformen sind die ganzen Blütenköpfchen (Calendulae flos cum calice) und die von den Blütenböden abgetrennten Zungenblüten (Calendulae flos sine calice).

1.1 Die Gattung Calendula LINNÉ

1.1.1 Verbreitung

Die Gattung Calendula ist hauptsächlich im Mittelmeerraum verbreitet. Das primäre Evolutionszentrum liegt wahrscheinlich in der Atlas-Region der südwestlichen Mediterraneis. Hier finden sich die primitivsten Fruchtformen der Gattung. Außerdem sind in diesem Gebiet halbstrauchige Wuchsformen häufig, die den krautigen Annuellen gegenüber als ursprünglich gelten [1]. Von dort hat sich die Gattung Calendula radial in alle Richtungen ausgedehnt, im Westen bis zu den Kanaren und den Azoren, im Norden bis Zentralfrankreich und Süddeutschland, im Osten bis zur südöstlichen Küste des Kaspischen Meeres und Iran, im Süden bis zum Hoggar-Gebirge in der Zentralsahara und zum Jemen [2].

1.1.2 Systematik

Die Gattung Calendula L. ist systematisch wie folgt einzuordnen [3]:

Abteilung: Spermatophyta, Samenpflanzen.

Unterabteilung: Angiospermae (= Magnoliphytina), Bedecktsamer.

Klasse: Dicotyledoneae (= Magnoliopsida), Zweikeimblättrige Bedecktsamer.

Unterklasse: Asteridae (= Synandrae).

Überordnung: Asteranae.

Ordnung: Asterales.

Familie: Asteraceae (= Compositae), Korbblütler.

Unterfamilie: Asteroideae (= Tubuliflorae).

Tribus: Calenduleae.

Gattung: Calendula L.

Calendula Arten:
Vor 1753, dem Jahr der Einführung der Prioritätsregeln in der taxonomischen Nomenklatur durch Carl von Linné, unterschied man in Europa nur zwei Calendula-Arten: Die annuelle Calendula arvensis und die perennierende oder annuelle Calendula officinalis [4].

Die Gattung Calendula wird taxonomisch als „extrem schwierig" [2] angesehen und umfaßt nach dem heutigen Stand folgende Arten: C. arvensis L., C. eckerleinii OHLE, C. incana WILLD., C. lanzae MAIRE, C. maroccana BALL, C. meuselii OHLE, C. officinalis L., C. pachysperma ZOH., C. palaestina BOISS., C. stellata CAV., C. suffruticosa VAHL und C. tripterocarpa RUPR. [1, 4–7].

1.1.3 Botanische Beschreibung

Bei der Gattung Calendula handelt es sich um meist einjährige, seltener ausdauernde Kräuter oder Halbsträucher mit in der Regel reichästigem Stengel und wechselständigen Laubblättern. Die Blütenköpfchen sind mittelgroß bis groß, einzeln, lang gestielt, mit zwittrigen, röhrigen Scheibenblüten und zahlreichen weiblichen, fruchtbaren Strahlenblüten. Die Hüllblätter sind ein- bis zweireihig, ungefähr gleich lang, der Blütenboden ist nackt. Die Früchte sind einwärts gekrümmt, oft an einer oder an beiden Seiten häutig geflügelt, mit nach innen geschlagenem Flügel, alle am Rücken mehr oder weniger knotig bis dornig [8].

Kennzeichnend für die Gattung Calendula sind die sehr unterschiedlichen Chromosomenzahlen zwischen $2n = 14$ und $2n = 44$. Die Chromosomenzahl von C. arvensis beträgt $2n = 44$ und die von C. officinalis $2n = 32$ [1]. Zwischen beiden Arten bestehen hohe genetische Kreuzungsbarrieren, die zu sterilen Bastarden führen [5].

Medizinisch verwendet werden nur die Arten C. officinalis und C. arvensis.

1.2 Calendula officinalis L.

1.2.1 Lateinische und volks- tümliche Bezeichnungen

1.2.1.1 Etymologie

Der bereits im 13. Jhd. erwähnte Gattungsname ‚Calendula' ist wahrscheinlich ein Diminutiv des lat. ‚calendae', dem ersten Tag des Monats, auch für den Monat selbst gebraucht, weil sich die Blüten mit dem Aufgehen der Sonne öffnen und mit deren Sinken schließen, also die Bewegung der Sonne wie ein Kalender angeben. Den Bauern dient die Ringelblume als Barometer; bleibt sie morgens geschlossen, so ist mit Bestimmtheit Regen zu erwarten [9].

Der Artname ‚officinalis' weist auf die Verwendung in der Heilkunde hin. Die deutsche Bezeichnung ‚Ringelblume' bezieht sich auf die eigenartig gebogenen Früchte.

1.2.1.2 Lateinische Synonyma

Im Mittelalter verwendete man für Calendula auch die Bezeichnungen Caltha sativa, C. vulgaris, C. palustris, C. poetica, Calthula, Chrysanthemon, Flos

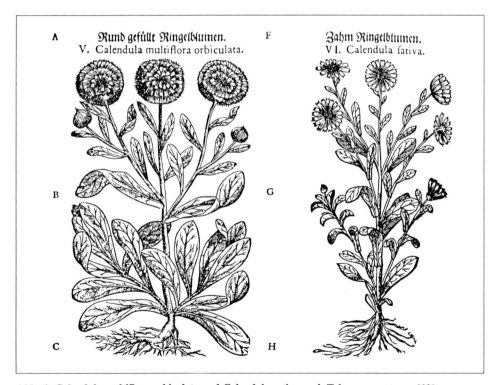

Abb. 1: Calendula multiflora orbiculata und Calendula sativa nach Tabernaemontanus [12].

omnium mensium, Heliotropium, Sorolugium, Solsequium aureum, Ancusa, Aureola, Anglica, Buphtalmum, Caput monachi, Capparius, Solis sponsa, Verrucaria und Arcola.

Botanische Synonyma für C. officinalis sind: C. officinalis var. hortensis FIORI, C. officinalis var. anemonaeflora HORT., C. officinalis var. prolifera, C. multiflora orbiculata (Abb. 1), C. eriocarpa DC, C. santamaria FONT-QUER, C. sativa und Caltha officinalis MOENCH (10, 11, 12).

1.2.1.3 Volkstümliche Namen

Eine Fülle von volkstümlichen Bezeichnungen in vielen Sprachen weist auf den hohen Bekanntheitsgrad der Ringelblume bei den Völkern Europas hin. Im deutschen Sprachraum haben sich aus der ,Ringula' der Äbtissin Hildegard von Bingen im Laufe der Jahrhunderte das ,Ringele', das ,Gartenringel' und die ,Ringelrose' entwickelt. Da sie häufig auf Gräber gepflanzt wird, heißt sie in vielen Gegenden auch ,Daudenblome' (Westfalen) oder ,Kirfechblum' (Lothringen) [8]. Häufig wird die Pflanze auch nach der gelben bzw. gelbroten Blütenfarbe benannt und heißt dann beispielsweise ,Gölling' (Mecklenburg), ,Goldrose' (Nahe, Elsaß), ,Sonneblom' (Moselgebiet), ,Morrnrod un Abenrod' (Lübeck), ,Geel-golken' (Schleswig), ,Gälwer Dotter' (Mosbach) oder ,Ziegelbluem' (Mittlach) [10]. Nach der Gottesmutter wird sie auch ,Marienrose' (Nahegebiet) und ,Malljeblom' (Rheinland) genannt.

Die Form der Blüten gab Anlaß für Bezeichnungen wie ,Buckseknopp' (Nahegebiet) [8]. Das ,Weckbrösele' geht sowohl auf die Form, als auch auf die Farbe des Blütenköpfchens zurück. Wenn man am Heiligabend Brotkrümel (Weckbrösel) vom Tisch sammelt und sie im nächsten Frühjahr im Garten aussät, sollen daselbst Ringelblumen aufgehen.

Auf den unangenehmen Geruch sind die folgenden drastischen Bezeichnungen zurückzuführen: ,Hofartscheisser' (Württemberg), ,Gälschisser' (Pfalz), ,Stinkblume' (Pfalz), ,Stinkerli' (Unterfranken) und ,Stinkerde' (Rheinland). Der balsamisch-harzige Duft der Pflanze wird zwar meist als nicht angenehm empfunden, scheint aber gleichwohl an gewisse Weine zu erinnern, was dann zu Namen wie ,Weinplueme' und ,Weinbleaml' geführt hat.

Auch außerhalb des deutschen Sprachraumes ist die Ringelblume unter einer Vielzahl von Namen bekannt [8, 10, 13–18]:

Engl.: Marigold / Common marygold/ Garden marygold / Mary bud / Gold bloom/Pot marigold/Gowles/Rods gold/ Ruddes/Sunflower/Guildes/Mally gowl.

Frz.: Souci (altfrz.: soulsi)/Souci des jardins/Fleur de tous les mois/Fleur feminelle.

Ital.: Calendola/Fiorrancio di tutti i tempi/Fiorrancio dei giardini/Fior d'ogni mese; **Tessin:** Fior di S. Peder/Fior de mort; **Grödn.-ladin.:** Ciòfes de mort/ Flus ghels.

Span.: Caldo/Maravilla/Flamenguillo/ Flammenquilla/Flor de muerto/Flor de todos los meses/Mejicanas/Tudescas/ Rosa de muertos/Flor de difunto; **Katal.:** Flor de tot l'any/Gojat/Boixac/ Gauget/Galdiró/Llevamá/Clavellina de mort/Flor d'albat/Mal d'ulls; **Bask.:** Illen/Ilherrilili; **Mexik.:** Mercadela.
Port.: Maravilhas/Boninas/Cuidados;
Bras.: Malmequer/Maravilhas.

Niederl.: Goldsblome/Goudsbloem/

2

3

5

6

7

Abb. 2: Ringelblume mit orangefarbenen Blüten.

Abb. 3: Ringelblume mit gelben Blüten.

Abb. 5: Ringelblumen mit ungefüllten Blüten-köpfchen.

Abb. 6: Ringelblumen-Fruchtstand.

Abb. 7: Kahn-, Haken- und Larvenfrüchte.

Abb. 8: Ringelblumenfeld bei Nova Ľubovňa in der Slowakei.

Abb. 10: Calendulae flos cum calice.

8

10

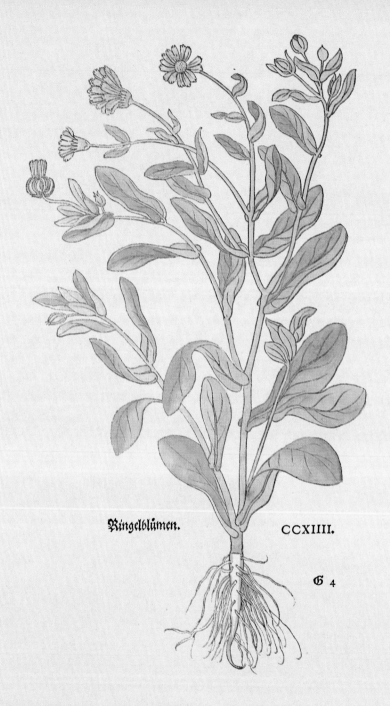

Ringelblůmen.

CCXIIII.

G 4

Abb. 26: Ringelblume nach Leonhard Fuchs [5].

▶

Abb. 29: Hochdruckextraktionsanlage, Extraktionsvolumen 450 l (Werkfoto: FLAVEX Naturextrakte GmbH, Rehlingen).

Abb. 31: Abfüllanlage für Ringelblumensalbe (Werkfoto: Naturwaren OHG Dr. Peter Theiss, Homburg/Saar.

29

31

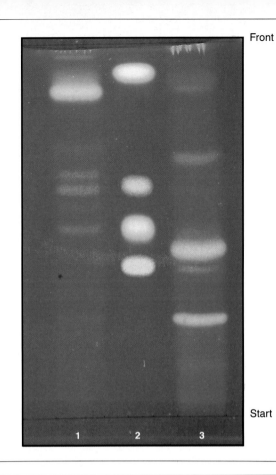

Front

Start

1   2   3

Abb. 32: DC von Arnikablüten und Calendulablüten. Sprühreagenz: Diphenylboryloxyethylamin, UV$_{365}$. Bahn 1: Arnikablüten; Bahn 2: Rutosid (Rf 0,41), Chlorogensäure (Rf 0,51), Hyperosid (Rf 0,62), Kaffeesäure (Rf 0,93); Bahn 3: Calendulablüten.

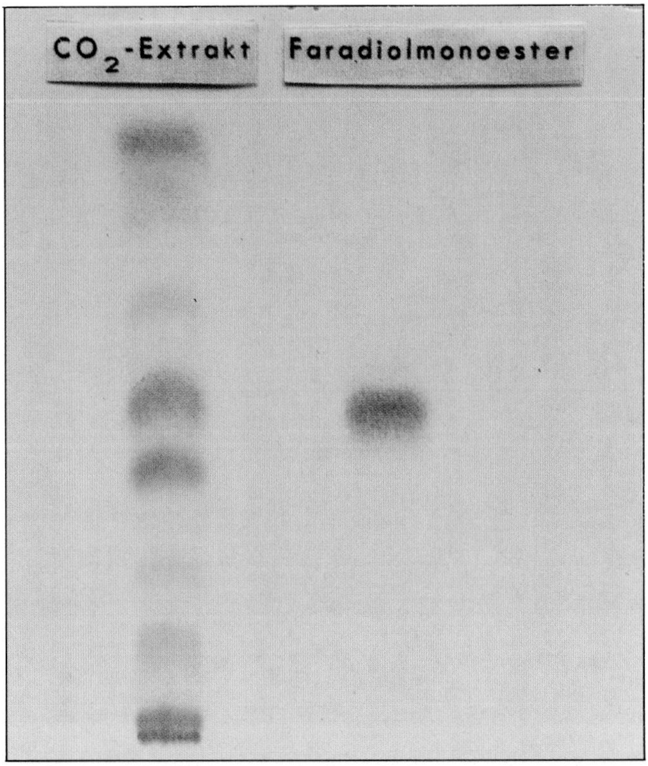

CO$_2$-Extrakt   Faradiolmonoester

Abb. 33: DC von Calendula – Kohlendioxidextrakt (Bahn 1) und Faradiol-monoester (Bahn 2); Sprühreagenz: Anisaldehyd-Schwefelsäure-Reagenz.

Wrattenkruid/Boeterbloem;   **Dän.:** Horgenfrue/Solsikkenblomster; **Norw.:** Ringblomst; **Finn.:** Keltakukka/Keltaruusu.

Russ.: Nogotki lekarstvennye/Krokos polnyi; **Lit.:** Medetka; **Poln.:** Nagietka lekarskiego/Nagietek lekarski/Nogotok/ Miesiączek/Miesiącznik;

Tschech.: Měsíćek/Měsíćek zahradni; **Slowen.:** Rigelc/Ringelc/Ringeljca/Ognjec; **Kroat.:** Ognjac/Žutelj; **Bulg.:** Krokos.

Ungar.: Körömviràg/Kerti körömviràg; **Rum.:** Galbinele; **Grch.:** Canestro

Türk.: Tibbî nergis. **Ind.:** Zergul/Aklelumulk/Saldbargh.

Chin.: Kin tchan ts'ao/Hing yé ts'ao/ Tch'ang tch'oen hoa/Sing tsieou hoa.

1.2.2 Verbreitung

Herkunft und Abstammung der seit sehr früher Zeit kultivierten Ringelblume sind unklar. Das natürliche Vorkommen wird zwischen Tetuan und Tanger vermutet [4]. Im 12. Jhd. wurde sie in Deutschland nachweislich angebaut, zuerst in Klostergärten, später in Bauerngärten und auf Friedhöfen. Als synanthrope Kultur-, Zier- und Arzneipflanze ist sie bekannt in Mittel- und Südeuropa, Asien bis Japan, Nordafrika sowie in Nord- und Mittelamerika; in vielen Teilen Indiens, vor allem im Punjab, in Sind und Peshawar, wird sie als Gartenpflanze kultiviert [19].

Die natürlichen Standorte, soweit man bei einer gezogenen oder verwilderten Pflanze davon sprechen kann, sind Gärten, Wegränder an Zäunen, Schutthalden, gelegentlich auch Weinberge, Brachland und Feldraine. Auf Friedhöfen findet man sie wegen ihrer langen Blütezeit, ihrer geringen Pflegebedürftigkeit und des leichten spontanen Auskeimens recht häufig. Die Ringelblume verbreitet sich sehr leicht und besiedelt Weinberge, Gärten, Schuttplätze und Wegränder gelegentlich in großer Fülle. Sie kann aber auch rasch wieder verschwinden, wenn ihre Blüten nicht zum Fruchten kommen, z. B. durch Abpflücken der Blütenköpfchen. Vegetative Vermehrungsmöglichkeiten stehen ihr keine zur Verfügung.

Während sich das Verbreitungsgebiet der Ringelblume in West-Ost-Richtung von den Kanaren bis Indien erstreckt, würde sie die Nordgrenze Mitteleuropas nicht überschreiten, wenn der Mensch sie nicht anbaute. So aber ist sie noch in Finnland anzutreffen. Im Fernen Osten wurde sie bis nach Japan und Australien verschleppt, wo sie verwildert angetroffen wird. Sie gedeiht sogar noch auf dem Pamir-Plateau, wo sie als Gartenpflanze beliebt ist [20].

1.2.3 Systematik

C. officinalis erinnert mit ihrer intensiven Blüten- und Fruchtbildung im Sommer des ersten Jahres an die Annuellen der Gattung. Die sich im Herbst entwickelnden Seitentriebe aus den unteren Abschnitten des verholzten Hauptsprosses lassen aber Beziehungen zu den halbstrauchigen Arten erkennen. So kann man C. officinalis als eine Art auf dem Wege zu einer annuellen Sippe ansehen [1].

Innerhalb der Art gibt es große genetische Unterschiede, z. B. im Blühdatum, der Anzahl der Blütenköpfchen, des Verhältnisses von Zungen- zu Röhrenblüten und der verschiedenen Fruchtformen. [21] C. officinalis (2n =

32) ist vermutlich aus der 18-chromoso-migen marokkanischen Species C. meuselii OHLE und einer Species mit 2n = 14 Chromosomen (C. stellata CAV.) hervorgegangen. Ohle (4, 6, 7) hält auch eine Entstehung über unreduzierte Gameten für denkbar. Er erklärt so das Auftreten verschiedenfarbiger Blütenköpfchen bei C. officinalis und auch Ähnlichkeiten der Achänen mit den Ursprungsformen.

Zur Drogengewinnung werden vorwiegend gefüllt blühende Formen angebaut (f. ligulata hort.). Die Farbe der Blüten reicht von hellgelb bis dunkelorange mit vielen Übergängen (Abb. 2 und 3 – Farbtafel). So sind z. B. die Blüten von f. ranunculoides blaß-orange-gelb, von f. superba goldgelb, von f. sulfurea schwefelgelb, von f. isabellina aprikosenfarbig-nankinggelb (die Spitzen der Zungenblüten sind rötlichbraun bis gelbbraun), von f. regalis hell- bis ockergelb. Kleinen, dicht gefüllten Chrysanthemum-Sorten ähnelt f. pallida mit weißen, gelblich überlaufenen Blüten, die Zungenblüten unterseits schwefelgelb. Eine Abnormität stellt die schon im Mittelalter bekannte f. prolifera DC. dar. (Abb. 4), bei der sich aus dem Hauptkopf, nach dessen Verblühen oder aber erst im nächsten Jahr, bis zu 15 neue Köpfchen an Stielen bilden, die bis zu 6 cm lang sind [22].

Ringelblumen mit Nebenblümlein. I.
VII. Calendula prolifera. I.

D

E

Abb. 4: Calendula prolifera nach Tabernaemontanus [12].

1.2.4 Botanische Beschreibung

Die Ringelblume ist einjährig oder überwinternd zweijährig. Sie wird 30 bis 50 cm hoch und hat eine etwa 20 cm lange gelblichweiße bis hellbraune Pfahlwurzel, die bis zu 7 mm dicke Seitenwurzeln erster Ordnung und zahlreiche Faserwurzeln trägt.

Der krautige Stengel ist nur an der Basis verholzt und wenig oder erst in der oberen Hälfte verzweigt. Die wechselständigen, ganzrandigen oder knorplig gezähnten Blätter sind 10 bis 15 cm lang und 3 bis 4 cm breit. Die lebhaft gelbgrünen Blätter sind weich behaart und am Rande kurz bewimpert. Die unteren Blätter haben eine spatelförmige Blattspreite; die oberen Blätter sind länglich-lanzettlich und sitzen stengelumfassend mit abgerundetem Grund.

Jeder Stengel trägt an seiner Spitze ein Blütenköpfchen mit einem Durchmesser von 2 bis 5 cm, so daß die Pflanze bis zu 50 oder mehr Infloreszenzen entwickeln kann. Das Köpfchen besteht aus einem schüsselförmigen Hüllkelch, der aus ein- oder zweireihig angeordneten grünen, schmallanzettlichen, beidseitig dicht mit Drüsenhaaren besetzten Hüllblättern gebildet wird. Sie sind dreizähnig, zungenförmig mit vier Hauptnerven und alle gleichmäßig lang.

Auf dem flachen, nackten Infloreszenzboden stehen zwei oder drei Reihen von Randblüten. Diese etwa 15 bis 20 mm langen Zungen- oder Strahlblüten sind wenigstens doppelt so lang wie der Hüllkelch. Ihre gelben bis orangefarbenen Korollen lassen die Blütenköpfchen weithin sichtbar aufleuchten. Das Innere des Blütenköpfchens wird von zahlreichen aktinomorphen, trichterförmigen, ebenfalls gelb bis orange, manchmal auch braun gefärbten Röhrenblüten oder Scheibenblüten eingenommen (Abb. 5 – Farbtafel). Sie sind zwittrig, also mit Staubblättern und Fruchtknoten versehen, aber unfruchtbar. Die fünf Staubblätter sitzen mit freien Filamenten an den Kronblättern, die Antheren sind mittels ihrer Kutikula zu einer Röhre verklebt. In dieser Antherenröhre befindet sich ein stets unfruchtbarer Fruchtknoten. Bisweilen sind alle oder ein großer Teil der Röhrenblüten zungenförmig ausgebildet. Infloreszenzen mit mehreren Kreisen von Zungenblüten werden als ‚gefüllt‘ bezeichnet.

Die zygomorph geformten Zungenblüten sind rein weiblich; ihre Staubblätter sind vollständig zurückgebildet. Der unterständige Fruchtknoten ist entsprechend seiner Fertilität viel stärker entwickelt als der der Röhrenblüten.

Früchte werden also nur von den weiblichen Zungenblüten ausgebildet. Sie sind 2 bis 2,5 cm groß und alternieren mit viel kleineren cymbiformen Achänen, zeichnen sich also durch ihre Vielgestaltigkeit (Heterokarpie) aus (Abb. 6 – Farbtafel). Sie sind auffällig

einwärts gekrümmt und fast kahnförmig, die inneren sogar eingerollt, die äußeren dreiflügelig; auf der Rückseite sind sie quergerieft (Abb. 7 – Farbtafel). Ihrer Form nach werden sie bezeichnet als:

- Wind-, Flug- oder Kahnfrüchte, etwa 12 mm lang und 9 mm breit,
- Hakenfrüchte, bis 18 mm lang und 2 mm lang und dick, und
- Larven- oder Ringelfrüchte, bis 8 mm lang und 2 mm breit.

Die Ausprägung der verschiedenen Achänentypen hängt von der Position und der Anzahl der Zungenblüten ab. Die Larvenfrüchte werden vorzugsweise aus den Fruchtknoten der inneren Blütenkreise gebildet, die Flügel- und Hakenfrüchte hingegen aus den äußeren Kreisen. Larvenfrüchte entstehen eher als Flügel- und Hakenfrüchte durch Selbstbestäubung, da bei den inneren Zungenblüten ein direkter Kontakt zwischen Narben und Pollen möglich ist. Infolge ihrer unterschiedlichen Größe sind die Früchte auch verschieden schwer. Die kleinen Larvenfrüchte wiegen nur halb so viel wie die Haken- und die Kahnfrüchte. Letztere werden infolge ihrer segelartigen Seitenflügel leicht durch den Wind verbreitet, sind also anemochor. Die übrigen sind dagegen zoochor. Die Hakenfrüchte bleiben leicht im Pelz oder Gefieder hängen; die Verbreitung ist also epizoisch. Auf gleiche Weise werden die Larvenfrüchte verbreitet, die jedoch auch von Ameisen verschleppt werden [23].

Die Blütezeit der Ringelblume reicht von Mai bis zum Herbst. Bei frostfreiem Wetter vermag sie noch im November ihre Blütenköpfchen zu öffnen. Insekten bietet sie genügend Gelegenheit zum Besuch der Blüten:

Honigbienen (Apis mellifica L.),

Hummeln (z. B. Bombus silvarum L.), Blattschneider- oder Tapezierbienen (Megachile cetuncularis L. und M. circumcincta KBY.), Kegelbienen (z. B. Coelioxys acuminata NYL.), Tagfalter (Pieris brassica L., der große Kohlweißling, und Pieris rapae L., der kleine Kohlweißling), eine zu jeder Tageszeit

fliegende Goldeule (Phytomebra bzw. Plusia gamma L.), Schwebfliegen (z. B. Syrphus ribesii L.), Schlammfliegen (Eristalis tenax L. und E. arbustorum L.) und eine Gemeinfliege, Muscide (Calliphora erythrocephala MG.), sind als nektarsaugende Besucher der Ringelblumen beobachtet worden [23].

1.3 Gewinnung von Calendulae flos (Ringelblumenblüten)

1.3.1 Sorten und Herkünfte

Für die Gewinnung von Calendulae flos stehen bisher keine speziellen Zuchtsorten zur Verfügung. Bevorzugt werden gefülltblühende orangefarbene Sorten wie ‚Orangekönig‘, ‚Orangekugel‘ und ‚Meisterstück‘, die sonst für Zierzwecke kultiviert werden. Besonders häufig wird die ‚Erfurter orangefarbige gefüllte Ringelblume‘ angebaut [22].

Bei Feldversuchen mit 9 verschiedenen Sorten wurde der höchste Carotinoidgehalt mit ‚Kablouna Orange‘, der höchste Flavonoidgehalt mit ‚Orangekugel‘ und der höchste Ertrag, sowohl an frischem blühenden Kraut als auch an reiner Blütendroge, mit der Sorte ‚Midas‘ (‚P 140‘) erzielt [23]. Der Saponosidgehalt schwankt ebenfalls je nach Sorte und Erntedatum. Bei den Sorten ‚Kablouna jaune d'or‘, ‚Kablouna orange‘, ‚Saint Trop orange‘, ‚Balls Lemon‘ und ‚King‘ liegt der Saponosidgehalt zwischen 2 und 10%. Der Hauptanteil kommt den Saponosiden A und C zu (vgl. 2.1.1). Saponosid F und Calendulosid F sind von untergeordneter Bedeutung, während B und D in unterschiedlichen Konzentrationen auftreten

können. Ein Zusammenhang zwischen dem Gesamtgehalt an Saponosiden und dem Erntedatum scheint nicht zu bestehen [25]. Anbauländer sind die ČSFR, Ungarn, Jugoslawien und Bulgarien sowie Frankreich mit dem alten Arzneipflanzenzentrum von Chemille südlich der Loire, nördlich Cholet. Tief orangerote Ware kommt aus Syrien und Ägypten. Das Aufkommen aus einheimischem Anbau ist vergleichsweise unbedeutend und beschränkt sich auf Ostdeutschland [23, 26].

1.3.2 Saatgut

Infolge der Heterokarpie ist das Tausendkorngewicht sehr großen Schwankungen unterworfen und kann zwischen 3,9 und 15,2 g liegen. Im Handel befindet sich meist Saatgut in natürlicher Zusammensetzung mit allen Fruchtformen. Die Mindestreinheit sollte 98%, die Mindestkeimfähigkeit 85% betragen [22]. Die Larvenfrüchte besitzen zwar kleinere Embryonen als die übrigen Formen; die aus ihnen hervorgehenden Pflanzen unterscheiden sich jedoch weder in der Form, noch in der

Anzahl und dem Gewicht der Blütenköpfchen [27]. Jedoch sollen die Flugfrüchte schneller keimen als die Haken-
und die Larvenfrüchte. Das Keimver-
halten hängt möglicherweise mit der unterschiedlichen Reife zusammen: Es
reifen zuerst die Larven-, dann die
Flug- und zuletzt die Hakenfrüchte [21].

Zur Saatgutgewinnung werden die
Fruchtstände geerntet, sobald sich die
Larvenfrüchte bräunen. Dieser Termin
ist ab September erreicht. Die Früchte
des äußersten Kreises sind dann im allgemeinen noch nicht ausgefallen. Die
gärtnerischen Zuchtsorten sind auf eine
lange Blühdauer selektiert, jedoch nicht
auf eine maximale Samenzahl und deren gleichmäßige Abreife. Auf diese
Weise können große Saatgutverluste
entstehen [28]. Die gefüllt blühenden
Herkünfte zeichnen sich durch eine hohe Anzahl von Früchten je Blütenköpfchen aus, während ungefüllte Formen
ein wesentlich höheres Fruchtgewicht
aufweisen, eine frühere Blüte in Verbindung mit einer größeren Anzahl von
Blütenköpfchen je Einzelpflanze und
ein besseres Samenhaltevermögen entwickeln. Ein für die maschinelle Aussaat erwünschter hoher Larvenfrucht-
anteil im Fruchtstand wird in stark gefüllt blühenden Genotypen erreicht.
Aufgrund einer verminderten Befruch-
tung der äußeren Zungenblüten fehlen
in diesen Fruchtständen jedoch Flügel-
und Hakenfrüchte, die einen vorzeiti-
gen Samenausfall der Larvenfrüchte
verhindern. Den zur Zeit besten Kom-
promiß stellen Genotypen mit halbge-
füllten Blütenköpfchen dar [29]. Die
Saatguterträge liegen zwischen 300 und
600 kg/ha [22].

1.3.3 Anbau

1.3.3.1 Boden und Klima

Die Ringelblume stellt geringe Ansprüche an den Boden. Hohe Erträge werden auf gut gedüngten Lehmböden erzielt. Sie gedeiht aber auch noch auf
Moorböden. Trockene Standorte sind
weniger geeignet. Sie ist wärmeliebend,
aber wenig kälteempfindlich [22, 30].

1.3.3.2 Aussaat

Die Aussaat erfolgt im April oder Mai
bei Reihenabständen von 30 bis 70 cm
direkt ins Feld. Ein größerer Abstand
hat eine geringere Pflanzendichte zur
Folge, die auch nicht durch einen entsprechenden Anstieg der Anzahl der
Blütenköpfchen pro Pflanze kompen-
siert wird [27].

Das Saatgut sollte nur schwach mit
Erde bedeckt sein. Der Saatgutaufwand
beträgt etwa 5 bis 8 kg/ha. Infolge der
verschiedenen Fruchtformen verstopfen
die Sägeräte leicht.

In warmen Klimazonen hat sich die
Herbstaussaat bewährt. Sie ermöglicht
einen frühen Beginn der Blütenernte
und liefert größere Blütenköpfchen.
Bei genügender Feuchtigkeit und Bo-
denwärme läuft die Saat nach 10 bis 14
Tagen auf. Bei zu dichtem Auflaufen
sollte die Pflanzendichte auf etwa 20
Pflanzen/m^2 reduziert werden [11, 30,
31].

1.3.3.3 Düngung

Die Ringelblume benötigt zum Wachstum reichlich Phosphat und Kalium; es
empfiehlt sich daher eine Gabe von 70
bis 80 kg/ha P_2O_5 und K_2O bei der Aussaat. Ein Überschuß an Stickstoff ist zu
vermeiden, da er die Anzahl der Blütenköpfchen vermindert. Üblicherweise
sind 40 bis 50 kg/ha Stickstoff ausrei-

chend [30, 31]. Die Aufnahmerate von Ca^{++}, Mg^{++} und Na^+ bleibt während der gesamten Vegetationsperiode konstant [32]. Eine ausreichende Mineralzufuhr ist erforderlich, doch kann die Frage nach der optimalen Dosierung zur Zeit noch nicht beantwortet werden [33].

Durch Applikation von Gibberellinsäure läßt sich die Sekundärblüte je nach Dosierung angeblich um bis zu 54% steigern. Die Sekundärköpfchen sind jedoch kleiner und haben weniger Zungenblüten und Früchte [34, 35]. Unter experimentellen Kurztagsbedingungen bewirkt eine Behandlung mit DL-α-Tocopherol einen früheren Beginn der Blüte; dadurch wird anscheinend eine thermische oder Photoinduktion der Blüte ersetzt [36]. Zeolithe verlängern den Düngungseffekt. Durch einmaligen Zusatz von 0,2 kg/m^2 zum normalen NPK-Dünger wird der Ertrag an Calendulablüten im ersten Jahr um 11,6% und im zweiten Jahr um 55% gesteigert [37].

Durch die Wachstumshemmstoffe Cycocel (2-Chloroethyl-trimethylammonium-chlorid) und Alar 85 (Succinaminsäure-2,2-dimethylhydrazid) steigt das vegetative Wachstumstrockengewicht der Pflanzen an. Ebenfalls steigen das durchschnittliche Blütentrockengewicht und die Anzahl der Blütenköpfchen. Bedingt durch den Anstieg des Blütengewichtes wird auch die Ausbeute an Oleanolsäure, β-Sitosterol und Stigmasterol vergrößert [38].

Der Gehalt an Oleanolsäure und Phytosterolen steigt von der ersten Blattbildung bis zur Blüte an [39]. Durch zusätzliche NPK-Düngung wird die Ausbeute an Oleanolsäure hoch signifikant vergrößert. Der Sterolgehalt ändert sich dagegen proportional der Protein- und Trockenmasse [40]. Durch Behandlung der Calendula-Kultur mit Morphactin (Chlorflurenol) läßt sich eine Retardierung der Infloreszenzentwicklung erzielen. Auf diese Weise kann die Wachstumsperiode verlängert werden [41].

1.3.3.4 Unkrautbekämpfung

Die Kulturen sind besonders zwischen der Aussaat und dem Schließen der Bestände Ende Juni/Anfang Juli durch Verunkrautung gefährdet. Bei ausreichender Bestandsdichte werden die Unkräuter in der zweiten Hälfte der Vegetationsperiode durch die Kultur unterdrückt. Lückige Bestände sind jedoch auch in diesem Zeitabschnitt von Verunkrautung bedroht.

Für den Ringelblumenanbau sollten Flächen ausgewählt werden, die weitgehend frei von Wurzelunkräutern und anderen schwer bekämpfbaren Arten sind. Durch die Bearbeitung der Stoppel der Vorfrucht, rechtzeitiges Ziehen der Winterfurche und wiederholte flache Bearbeitung des Ackers vor der Aussaat wird die Anzahl der Unkräuter eingeschränkt.

Bei der chemischen Unkrautbekämpfung ist die Phytotoxizität der eingesetzten Herbizide zu beachten. Die Ringelblume toleriert folgende Herbizide:

- Bei Anwendung vor der Aussaat (VS) mit nachfolgender Einarbeitung:
  Benfluralin, Propyzamid, Triallat, Trifluralin;
- Bei Anwendung vor dem Auflaufen (VA): Chloralhydrat + Chloralhydratacetal, Chlorpropham, Chlortoluron, Diuron, Ethofumesat, Isoproturon, Nitrofen, Pendimethalin;
- Bei Anwendung nach dem Auflaufen (NA): Alachlor, Alloxydim-Na, Barban, Metoxuron, Phenmedipham, TCA.

Tab. 1: Rückstände von Chlorpropham und Phenmedipham in Ringelblumen (nach [42])

Herbizid	Aufwand (kg/ha)	Applikations-datum	Ernte-datum	Rückstandsmenge (mg/kg)
Chlorpropham	3	23. 4. 81	7. 7. 81	0,80
Chlorpropham	3	4. 5. 81	7. 7. 81	2,55
Chlorpropham	3	23. 4. 81	7. 7. 81	0,70
unbehandelt	–	–	28. 6. 82	0,08
Chlorpropham	3	16. 4. 82	28. 6. 82	0,08
Chlorpropham	3	16. 4. 82	28. 6. 82	0,15
Chlorpropham	3	16. 4. 82	28. 6. 82	0,28
Chlorpropham	3	24. 4. 82	11. 7. 84	0,41
unbehandelt	–	–	18. 7. 80	0,05
Chlorpropham	3	8. 5. 80	18. 7. 80	0,10
Chlorpropham	3	8. 5. 80	18. 7. 80	0,05
Chlorpropham	3	8. 5. 80	18. 7. 80	0,05
Phenmedipham	0,477	5. 5. 83	8. 7. 83	1,00
unbehandelt	–	–	8. 7. 83	1,00
Phenmedipham	0,477	9. 5. 84	11. 7. 84	1,00
unbehandelt	–	–	11. 7. 84	1,00

Zur Unkrautbekämpfung im Ringelblumenanbau haben sich folgende Herbizide bewährt: Trifluralin (1,5 kg/ha) zur Spritzung VS mit nachfolgender Einarbeitung in den Boden beim Auftreten von Galium aparine, Amaranthus retroflexus und Unkrauthirsen. Chlorpropham + Nitrofen (12 + 8 kg/ha) zur Anwendung unmittelbar VA zur Bekämpfung mono- und dikotyler Unkräuter im Keimblattstadium der Kultur. Zum Bekämpfen von Unkrauthirsen und anderen monokotylen Unkräutern nach dem Auflaufen sind Alloxydim-Na (1,5 kg/ha) und Diclofop-methyl (3 l/ha) geeignet.

Nach dem Auflaufen der Kultur wird die Maschinenhacke zur Unkrautbekämpfung eingesetzt. Im späten Keimblattstadium der Ringelblume erfolgt der Einsatz von Phenmedipham (0,477 kg/ha). Erneut aufgelaufene Unkräuter werden mit Phenmedipham sicher bekämpft (Tab. 1). Bis zum Schließen des Bestandes wird mit ein bis zwei Maschinenhacken und einer Handhak-

ke eine eventuell vorhandene Restverunkrautung beseitigt [42].

Von 10 untersuchten Herbiziden verursachen Dual 720 EC, Ramrod, Teridox 500 EC und Treflan EC 2 keine Schäden an der Ringelblumenkultur. Afalon, Dosanex, Gesagard 50, Semeron 25, Tenoran und Venzar sind phytotoxisch. Die Wirkung der Herbizide auf Unkräuter ist sehr effektiv. Der Ertrag an trockenen Blüten steigt um 295 bis 356 kg/ha. Die Zusammensetzung der Flavonoide ändert sich nicht. Durch Teridox 500 EC soll der Flavonoidgehalt sogar anwachsen [43].

1.3.3.5 Krankheiten und Schädlinge

Pilze wie Erysiphe cichoracearum DC., Entyloma calendulae (OUD.) de BY. (Blattfleckenkrankheit), Alternaria calendulae NEES und Cercospora calendulae SACC. verursachen Schäden an den Blättern; auch der Echte Mehltaupilz (Sphaerotheca fuliginosa [SCHLECHT]

SALM.) ist besonders im August in den Beständen zu finden [30, 31, 44]. Im fortgeschrittenen Stadium überzieht der Pilz Blätter und Stengel mit einem weißen Myzel und beeinträchtigt die Neubildung von Blüten [45]. Auch Sphaeroteca Castagnei LEV. macht sich unliebsam bemerkbar, ebenso E. polygoni DC. [8]. Die Ringelblume wird ferner befallen von Insekten wie Phytomyza atricornis MEIG., Brachycaudus helichrysi KALT., Bemisia tabaci GEN., auch Vektor des Cetriolmosaikvirus, und Blattläusen wie Aphis fabae SCOP. und Myzus persicae SULZ., welche auch Vektoren für Viruskrankheiten wie das Dahlienmosaikvirus sind. Als Schadinsekt wird auch Heliothis dipsacea L. (Chloridea dipsacea L.) angesehen [46].

Zur Bekämpfung der Oidien wird eine Behandlung auf der Basis von Schwefel oder Propiconazol empfohlen [30, 31]. Bei einer Pflückfolge von 8 bis 14 Tagen ist die Anwendung von Fungiziden mit einer Karenzzeit von mehr als 7 Tagen nicht erlaubt. Gegen den Echten Mehltau werden deshalb Kontaktfungizide auf der Grundlage von emulgiertem oder solubilisiertem Schwefel gespritzt. Für die Schwefelpräparate „Sickosul", „Sulikol-Extra", „Netzschwefel flüssig" und „Sulikol-K" genügt eine Karenzzeit von nur 7 Tagen in offizinellen Kulturen. Durch die Mehltaubekämpfung in Ringelblumenkulturen kann ein Ertragszuwachs von bis zu 33% erzielt werden [45].

1.3.4 Ernte und Ertrag

Die Blütenernte beginnt bei der Herbstaussaat Mitte Mai und dauert bei der Frühjahrsaussaat von Juli bis August, in Höhenlagen auch länger (Abb. 8 – Farbtafel). Bei der Ernte von Hand werden die Köpfchen ein- bis zweimal wöchentlich möglichst ohne Stiel abgebrochen. Zur maschinellen Ernte eignet sich eine umgebaute Kamillenpflückmaschine des Typs LINZ 3 (Herst. Fa. E. Menzel, Linz üb. Großenhain), wenn für die Ernte der relativ großen Ringelblumenköpfchen anstelle der Pflücktrommel ein starrer Scherkamm gleicher Arbeitsbreite adaptiert wird. Dieser besteht aus starren Kammleisten. Die Zinkenlänge beträgt im Wechsel 520 und 450 mm, bei einer basalen Stärke von 10 mm und 6 mm Zwischenraum. An der Basis sind die Zinkenplatten als starre Messerkante gestaltet [47]. Auch umgebaute Kamillenpflückmaschinen des Typs VZR-4 (Hersteller: Landwirtschaftliche Genossenschaft „Rozkvet", Nova Ľubovňa, ČSFR, vgl. Abb. 9) sind für die Ringelblumenernte geeignet [48, 49].

Eine regelmäßige und häufige Ernte fördert die Regeneration neuer Blütenköpfchen und steigert dadurch den Ertrag [33]. Bei der Ernte ist darauf zu achten, daß nur ein kurzes Stück des Stieles an den Blütenköpfchen verbleibt [50].

Die geernteten Blütenköpfchen sollten möglichst rasch in dünner Schicht getrocknet werden, sonst sind beträchtliche Carotinoidverluste möglich [51]. Bei Verwendung als Schmuckdroge ist eine kurzzeitige Trocknung bei 80° C empfehlenswert; dann bleibt die Farbe am besten erhalten und ist der Gehalt an Carotinoiden und Flavonoiden am höchsten. Für therapeutische Zwecke sollten die Blüten im Schatten oder bei einer Temperatur von 35 bis 45° C getrocknet werden. Die getrockneten Blüten sind sehr hygroskopisch und sollten deshalb bald weiterverarbeitet werden. Auch empfiehlt sich eine lichtgeschützte Aufbewahrung.

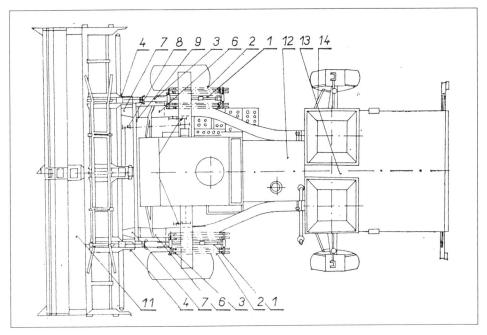

Abb. 9: Schema der Ringelbumen-Pflückmaschine VZR 4 [49]. 1 – Hubzylinder, 2 – Entlastungsfedern, 3 – Hubarme, 4 – Aufhängepunkte, 6 – Pneumatische Biegeröhre, 7 – Mündung zur Aufnahme des Pflückgutes, 8 – Antriebssteuerung des Pflückmaschinenadapters, 9 – Vorlegewelle, 11 – Adapter für Kamillenpflückgerät, 12 – Adapter für Traktorfahrgestell, 13 – Aufnahmebehälter, 14 – Spurweite für den Gebläseantrieb.

Das Eintrocknungsverhältnis beträgt bei den Blütenköpfchen 6 bis 8 : 1 und beim Kraut 4 bis 5 : 1. Der Ertrag richtet sich nach der Zahl der Pflücken. Das Gesamtergebnis an frischen Blütenköpfchen liegt bei 6 bis 9 t/ha, was einem Trockengewicht von 1200 bis 2000 kg/ha entspricht. Nach der Trocknung werden die Kelche abgerebelt, um die reinen Zungenblüten zu gewinnen. Ihr Anteil beträgt 50 bis 75% vom Gesamtgewicht, liegt also bei 900 bis 1500 kg/ha. Zur Krautgewinnung wird der Bestand bei Vollblüte, jedenfalls noch vor dem Befall mit Echtem Mehltau, bei möglichst sonnigem Wetter geschnitten. Nach 6 bis 8 Wochen ist ein zweiter Schnitt möglich. Die Erträge an getrocknetem Kraut schwanken zwischen 2500 und 4000 kg/ha [22, 23, 30, 31].

1.3.5 Handelsformen

Unter der Bezeichnung Calendulae flos cum calice (Flores Calendulae cum calycibus) gelangen die ganzen oder teilweise zerfallenen Blütenköpfchen insbesondere gefüllter Sorten mit zahlreichen Zungenblüten und wenigen Röhrenblüten in den Handel (Abb. 10 – Farbtafel)

Offizinell im Erg. B. 6, im DAC und in den Standardzulassungen sind dagegen die vom Blütenboden abgetrennten, völlig entfalteten Zungenblüten, die auch unter der Bezeichnung Calendulae flos sine calice (Flores Calendulae sine calycibus) gehandelt werden.

Der Bedarf an Ringelblumenkraut, Herba Calendulae cum floribus, ist vergleichsweise gering.

Gelegentlich finden – besonders in mediterranen Ländern – die Blüten der Acker-Ringelblume, Calendula arvensis L., als Flores Calendulae silvestris therapeutische Verwendung [8].

1.3.6 Verwechslungen und Verfälschungen

Da die Ringelblume meistens angebaut wird, sind Beimengungen artfremder Blüten im allgemeinen nicht zu befürchten. Auch Verwechslungen mit *Calendula arvensis* L. sind unwahrscheinlich: Die Acker-Ringelblume hat hellgelbe bis zitronengelbe, nur selten orangerote bis goldgelbe Zungenblüten. Sie sind nur 0,7 bis 1,2 cm lang und stehen in kleineren Köpfchen an nur 10 bis 20 cm hohen Pflanzen. Die unteren Laubblätter sind spatelig, alle übrigen lanzettlich und entfernt grob buchtig gezähnt oder auch ganzrandig. Die Fruchtstände stehen bei C. officinalis steif aufrecht, bei C. arvensis sind sie übergeneigt bis herabhängend.

Verwechslungen sind möglich mit den Zungenblüten von *Inula*-Arten, *Anthemis tinctoria* L., *Doronicum pardalianches* L. und *Arnica montana* L.

Bei den meist dreizähnigen Zungenblüten verschiedener *Inula-Arten* fällt die geringe Breite der Zungenblüten auf; sie sind nur 1 bis 1,5 mm breit. Auch enthalten sie Pappus, der bei Calendula fehlt.

Anthemis tinctoria hat viel kleinere Zungenblüten. Die Spitze der Zunge ist zwar auch dreizähnig, jedoch sind die beiden äußeren Zähne viel ausgeprägter und sämtliche Zähne rund statt spitz. Die Färbung der Zungenblüten ist nie orangefarben, sondern höchstens satt dottergelb.

Doronicum-Blüten sind durch ihre goldgelbe Farbe, die gleiche Größe und die 4 bis 5 Nerven der Zunge sowie das Fehlen des Pappus weniger leicht unter Calendula-Blüten herauszufinden. Eine Verwechslung oder Beimengung ist aber durch das relativ seltene Vorkommen als verwilderte Zierpflanze wenig wahrscheinlich.

Die Zungenblüten von *Arnica montana* sind schwerer zu erlangen als die der Ringelblume. Wenn sie auftreten, dürfte es sich um eine unbeabsichtigte Vermischung oder Verwechslung bei der Trocknung oder der Aufbewahrung handeln. Die Arnika-Zungenblüten sind länger, haben 8 bis 12 Nerven, Pappus, und unterscheiden sich auch durch ihr charakteristisches Aroma. Weit häufiger als Verfälschungen *von* Ringelblumenblüten mit artfremden Blüten dürften Verfälschungen ähnlich aussehender Drogen *mit* Calendula sein. Sie dient z. B. zum Verfälschen von Safran (Stigmata croci). Der den Calendula-Blüten anhaftende Pollen mit seiner warzigen, stacheligen Exine läßt die Verfälschung erkennen, denn die 50 μm großen Pollen von *Crocus sativus* L. sind mit kurzen Stäbchen besetzt. Häufig werden die Calendula-Blüten zum Zwecke der Safranfälschung auch künstlich gefärbt. Die Zungenblüten werden durch Drehen bzw. Rollen dem Safran ähnlich gemacht; sie werden als „Feminell" bezeichnet wie die Griffel der Crocusblüten, die ebenfalls als Verfälschung von Safran vorkommen [13].

Auch die teurere Arnikadroge ist hin und wieder das Ziel betrügerischer Manipulationen [52, 53]. Die Beimischung von Calendula läßt sich jedoch analytisch leicht nachweisen (vgl. 5.5.3.1). Schließlich wird sogar Insektenpulver, das aus den getrockneten und gemahlenen Blütenköpfchen von *Chrysanthemum cinerariaefolium* (Pyrethrum) besteht, gelegentlich mit Calendulapulver verfälscht [52].

1.3.7 Haltbarkeit

Obwohl ein großer Teil der Carotinoide abgebaut wird [53], geben die Arzneibuchmonographien keine konkreten Hinweise auf die Haltbarkeitsdauer der Ringelblumenblüten. Nach den Regeln der Standardzulassungen bedeutet dies, daß die Droge bei vor Licht und Feuchtigkeit geschützter Lagerung als mindestens drei Jahre haltbar angesehen wird [55]. Polyethylenbeutel sollten allerdings für die Aufbewahrung nicht verwendet werden [51].

Literatur

[1] Meusel H., Ohle H., (1966) Österr bot Z 113: 191–210.
[2] Norlindh T., (1977) Calenduleae – systematic review. In Heywood V. H., Harborne J. B., Turner B. (eds.), The Biology and Chemistry of the Compositae, Academic Press London, S. 961–987.
[3] Strasburger E., Noll F., Schenck H., Schimper A. F. W. (1991), Lehrbuch der Botanik, 33. Aufl., neubearbeitet von Sitte P., Ziegler H., Ehrendorfer F., Bresinsky A., Gustav Fischer, Stuttgart Jena New York, S. 809.
[4] Ohle H., (1974) Feddes Repert 85: 245–283.
[5] Heyn C. C., Dagan O., Nachman B. (1974), Israel J Bot 23: 169–201.
[6] Ohle H. (1975), Feddes Repert 86: 1–17.
[7] Ohle H. (1975) Feddes Repert 86: 525–541.
[8] Conert H. J., Hamann V., Schultze-Motel W., Wagenitz G. (Hrsg.), (1987): Hegi G., Illustrierte Flora von Mitteleuropa, Band VI, 2. Aufl., Paul Parey, Berlin Hamburg.
[9] Genaust H. (1983), Etymologisches Wörterbuch der botanischen Pflanzennamen, 2. Aufl., Birkhäuser Basel Boston Stuttgart.
[10] Marzell H. (1943), Wörterbuch der deutschen Pflanzennamen, S. Hirzel, Stuttgart.
[11] Schneider W. (1974), Pflanzliche Drogen, Govi-Verlag, Frankfurt/Main.
[12] Tabernaemontanus J. T. H. (1731), Neu vollkommen Kräuter-Buch, Nachdruck der von Bauhinus überarbeiteten Baseler Ausgabe des Offenbacher Verlegers J. L. König.
[13] Steinmetz E. F. (1957), Codex Vegetabilis, Amsterdam.
[14] Font Quer P. (1981), Plantas Medicinales, Editorial Labor SA, Barcelona Madrid Bogotá Buenos Aires Caracas Lisboa Quito Rio de Janeiro México Montevideo.
[15] Roi J. (1955), Traité des Plantes Médicinales Chinoises, Paul Lechevalier, Paris.
[16] Dastur F. J. (1962), Medicinal Plants of India and Pakistan, Taraporevala Sons & Co., Bombay.
[17] Martinez M. (1959), Las Plantas Medicinales de Mexico 4ª ed., Ediciones Botas, Mexico.
[18] Balbach A. (1979), A Flora Nacional na Medicina Doméstica, Vol. II, Ediçoes „A Edificaçao do Lar", S. Paulo.
[19] Chopra R. N., Nayar S. L., Chopra I. C. (1956), Glossary of Indian Medicinal Plants, Council of Scientific & Industrial Research, New Delhi.
[20] Dörfler F., Roselt G. (1976), Unsere Heilpflanzen, Urania-Verlag, Leipzig Jena Berlin.
[21] Meier zu Beerentrup H., Röbbelen G. (1987), Fett Wissenschaft Technologie 89: 227–230.
[22] Heeger E. F. (1956), Handbuch des Arznei- und Gewürzpflanzenanbaues, Deutscher Bauernverlag, Berlin.
[23] Auster F., Schäfer J. (1958), Arzneipflanzen, VEB Georg Thieme, Leipzig.
[24] Bomme U., Hölzl J., Schneider E. (1990), Herba Hungar 29: 19–25.
[25] Vidal-Ollivier E., Diaz-Lanza A. M., Balansard G., Maillard C., Vaillant G. (1990), Pharm Acta Helv 65: 236–238.
[26] Ebert K. (1982), Arznei- und Gewürzpflanzen, 2. Aufl., Wissenschaftliche Verlagsgesellschaft mbH, Stuttgart.
[27] Schratz E. (1954), Planta Med. 2: 4–15.
[28] Meier zu Beerentrup H. (1986), Dissertation Georg-August-Universität Göttingen.
[30] Dachler M., Pelzmann H. (1989), Heil- und Gewürzpflanzen, Österreichischer Agrarverlag, Wien.
[31] Catizone P., Marotti M., Toderi G., Tétényi P. (1986), Coltivazione delle Piante medicinali e aromatiche, Patron Editore, Bologna.
[32] Hoffmann M. (1974), Herba Pol 20: 154–165.
[33] Helemiková A. (1991), Cultivation, Harvesting, and Processing of Medicinal Plants; International Conference, Štrbske Pleso June 4–7, 1991.
[34] Ram H. (1978), J Exp Bot 29: 653–662; zit. nach CA 89: 141788.
[35] Bose T., Nitsch J. (1970), Naturwiss. 57: 254; zit. nach CA 73: 65240.
[36] Baszynski T. (1987), Naturwiss. 54: 339.
[37] Černaj, P., Helemiková A., Sopková A. (1991), Cultivation, Harvesting, and Processing of Medicinal Plants; International Conference, Štrbske Pleso June 4–7, 1991.
[38] Abdalla N. M., El-Gengaihi S., Sadrak J. (1986), Acta Agron Hungar 35: 41–45.
[39] Kasprzyk Z., Fonberg-Broczek M. (1967), Physiol Plant 20: 321–329; zit. nach CA 67: 8707.
[40] El-Gengaihi S., Abdallah N., Sidrak J. (1982), Pharmazie 37: 511–514.
[41] Ram H. Y., Mohan M. U., (1973), Biol. Plant 15: 152–154.
[42] Pank F., Ennet D. (1988), Pharmazie 43: 503–506.
[43] Hojden B., Lamer-Zarawska E., Swiader K. (1990), Herba Pol 36: 19–24; zit. nach CA 115: 177356.
[44] Nirenberg H. I. (1977), Phytopathol Z 88: 106–113; zit. nach BA 64: 24941.
[45] Plescher A., Gödicke W. (1991), Drogenreport 4: 46–51.
[46] List P. H., Hörhammer L., (Hrsg.) (1972) Hagers Handbuch der Pharmazeutischen Praxis, 3. Aufl., Bd. 3, Springer-Verlag, Berlin Heidelberg New York.
[47] Herold M., Pank F., Menzel E., Kaltofen H., Loogk E., Rust H. (1989), Drogenreport 2: 43–62.

[48] Černaj P., Oravec, Varga I., Minczinger S. (1989), Symposium: Medicine of Plant Origin in Modern Therapy, Prague July 30–Aug. 2, 1989.

[49] Helemiková A., Oravec V., Černaj P. (1989), Mechanizace zemedelstvi 11: 526–527.

[50] Luckner M., Bessler O., Luckner R. (1969), Flores Calendulae. In: Jung F., Kny L., Poethke W., Pohloudek-Fabini R., Richter J., (Hrsg.) Kommentar zum Deutschen Arzneibuch 7. Ausgabe, Akademie-Verlag, Berlin.

[51] Omel'chuk M. A., Krivut B. A., Voroshilov A. I., Garvskii A. V., Grinkevich N. I. (1984), Khim-Farm Zh 18: 329–331; zit. nach CA 101: 12059.

[52] Scheffer J. J. C. (1979), Pharmac Weekbl 114: 1149–1157.

[53] Paris R. R., Moyse H. (1971), Précis de Matière Médicale Bd. 3, Masson, Paris, S. 453.

[54] Andreeva L. (1961), Aptechnoe Delo 10: 46–49; zit. nach CA 56: 1769.

[55] NN (1987) PTA heute 1: 24–25.

2 Chemie der Inhaltsstoffe

Das Inhaltsstoffspektrum wird geprägt von einem hohen Anteil von Triterpenoiden: Saponoside in Form von Oleanolsäureglykosiden machen 2 bis 10% des Trockengewichtes der Blüten aus. Vielfältig sind die Triterpenalkohole, die sich vom ψ-Taraxen, Taraxen, Lupen, Oleanen und Ursen ableiten und als Monole, Diole und Triole frei und verestert vorliegen. Der Gehalt an Triterpendiol-3-monoestern beträgt 2,0 bis 4,0%, wovon etwa 85% aus Faradiolestern bestehen. Die Farbe der Blüten wird durch den Gehalt an Carotinoiden bestimmt, der bis zu 1,5% betragen kann. Orangefarbene Blüten enthalten Carotine, besonders Lycopin, während die gelbblühenden Varietäten vorwiegend Xanthophylle enthalten. Unter den Calendula-Flavonoiden sind vor allem die Isorhamnetinglykoside charakteristisch. Das ätherische Öl besteht aus Monoterpenen und Sesquiterpenen. Im Gegensatz zu den übrigen Compositen enthalten die Ringelblumen keine Sesquiterpenlactone. Bemerkenswert ist auch das fette Öl der Samen, das zu 50 bis 60% aus Calendulasäure, einer ungesättigten Fettsäure mit einer ungewöhnlichen Struktur besteht.

2.1 Inhaltsstoffe der oberirdischen Pflanzenteile

2.1.1 Triterpenglykoside

Triterpensaponine sind bei den zweikeimblättrigen Pflanzen weit verbreitet. Sie können in allen Organen auftreten. Ihre physiologische Funktion ist noch weitgehend unbekannt. Man vermutet, daß sie eine Schutzwirkung gegenüber pflanzenpathogenen Mikroorganismen ausüben.

Winterstein und Stein [1] fanden 1931 in den Blüten von Calendula officinalis erstmals Oleanolsäure, gebunden in Form von Glykosiden. Der Zuckeranteil konnte später als aus Glucose, Galactose und Glucuronsäure bestehend identifiziert werden [2]. Die Oleanolsäureglykoside, auch Saponoside genannt, sind sowohl in den Wurzeln als auch in den oberirdischen Teilen der

Ringelblume enthalten [3–12]. Sie sind relativ einfach gebaut. Bei den Saponosiden der Blüten ist das 3-OH der Oleanolsäure glykosidisch an D-Glucuronsäure gebunden, die ihrerseits an β-D-Glucose und/oder β-D-Galactose gebunden ist. Neben diesen Monodesmosiden enthalten die Blüten Bidesmoside, bei denen die 28-Carboxylgruppe mit β-D-Glucose verestert ist (28 → 1β).

Die Triterpenglykoside der Blüten werden als Saponoside A bis F bezeichnet. Ein weiteres Glykosid, Calendulosid F, ist zunächst in den Wurzeln gefunden worden [13–15]. Saponosid F ist als Monodesmosid des Calendulosids F anzusehen [16, Abb. 11].

Der Saponosidgehalt der Blüten macht 2 bis 10% des Trockengewichtes aus [6, 17, 18]. Nach einer neueren Untersuchung von Vidal-Ollivier et al. [13] beträgt der Gesamtgehalt an Saponosiden in den Blüten der Ringelblume 6,25%. Der Saponingehalt geht parallel mit der Phase der stärksten Transpiration [19] und erreicht ein Maximum zur Zeit der Blüte. Aus Tab. 2 ist der Anteil der einzelnen Glykoside am Gesamtgehalt ersichtlich.

Die Biogenese der Oleanolsäure verläuft durch stufenweise Oxidation nach dem Schema Squalen → β-Amyrin → Erythrodiol → Oleanolaldehyd → Oleanolsäure [20, 21]. Die Zyklisierung vom Squalen zum β-Amyrin und dessen weitere Oxidation zur Oleanolsäure wie auch die Biosynthese aller Derivate der Oleanolsäure-3-glykoside findet in den Mikrosomen statt [22, 23]. Durch Inkorporation von 1-^{14}C-Acetat gelingt der Nachweis, daß die Synthese der Oleanolsäureglykoside in der Sequenz F → D → C verläuft. Der rasche Abfall der Radioaktivität in den Glykosiden D und C läßt den Schluß zu, daß diese

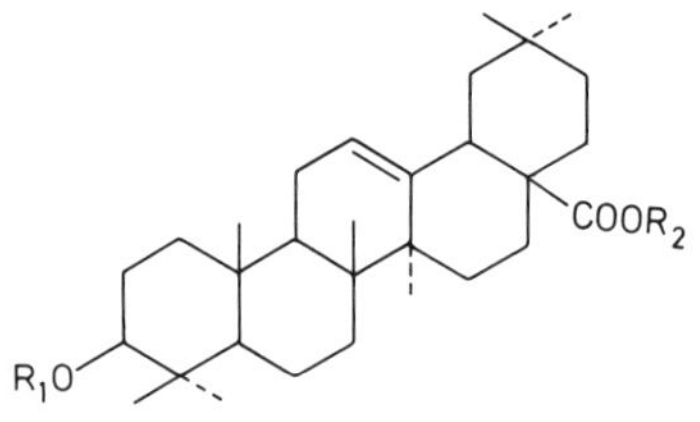

$R_1 = R_2 = H$: Oleanolsäure

Saponosid	R_1	R_2
A	Glu (1–4) Gal (1–3) > Glur-	- Glu
B	Glu (1–4) Gal (1–3) > Glur-	H
C	Gal (1–3) - Glur-	- Glu
D	Gal (1–3) - Glur-	H
E	Glu (1–4) -	H
F	Glur-	H
Calendulosid F	Glur-	- Glu

Glu: Glucose; Gal: Galactose; Glur: Glucuronsäure

Abb. 11: Saponoside der Blüten von C. officinalis.

Tab. 2: Anteil der Saponoside am Gesamtsaponingehalt (nach [13])

Saponosid	Anteil vom Gesamtgehalt
A	23,73%
B	28,33%
C	26,70%
D	13,31%
E	2,78%
F	5,12%

Tab. 3: Verteilung der Saponoside in den einzelnen Organen (nach [113])

Pflanzenteil	Gehalt
Infloreszenzen	3,57%
Blätter	5,27%
Stengel	0,55%
Kraut	5,10%
Wurzeln	2,55%

weiter zu den Glykosiden B und A transformiert werden [24–28]. In den Sprossen und Wurzeln von jungen Pflanzen sind zunächst nur Glucuronide enthalten. Glucoside erscheinen erst in den Sprossen von 30 Tage alten Pflanzen und in den Wurzeln am 60. Tag der Vegetation. Der Glykosidgehalt in den Sprossen steigt ebenso wie der Glucuronidgehalt in den Wurzeln bis zur Blüte kontinuierlich an und fällt dann ab, während der Glucosidgehalt der Wurzeln bis zum Ende der Vegetation ansteigt [29]. In den Blättern der Ringelblume liegt die Oleanolsäure zu 8,4% in freier Form vor; 28,4% sind in Form von Glucosiden und 63,2% als Glucuronid gebunden [30, 58]; 37% des zellulären Gesamtgehaltes an Oleanolsäure sind in den Vakuolen und den Zellwänden akkumuliert, davon 31,1% in Form von Glucuroniden (20,7% in den Vakuolen und 10,4% in den Zellwänden) und 5,3% als Glucoside (2,6% in den Vakuolen und 2,7% in den Zellwänden) [31]. Bis zur Vollblüte erfolgt die Synthese der Oleanolsäureglykoside in allen Pflanzenteilen mit Ausnahme der alten Blätter [20]. Nur die Wurzeln sind nicht in der Lage, Oleanolsäure zu synthetisieren [32]. In den alternden Pflanzenteilen geht der Triterpenoidgehalt zurück. Der Transport der Oleanolsäure von den Blättern in die Wurzeln erfolgt hauptsächlich in Form von Pentaglykosiden [33], die in den Wurzeln stufenweise abgebaut werden [34, Tab. 3].

2.1.2 Triterpenalkohole

Ringelblumenblüten sind auch reich an pentazyklischen Triterpenalkoholen in Form von Monohydroxy-, Dihydroxy- und Trihydroxytriterpenen (Tab. 4).

Die Triterpenalkohole leiten sich

Tab. 4: Triterpenalkohole aus C.officinalis

Monole
α-Amyrin
β-Amyrin
Lupeol
ψ-Taraxasterol
Taraxasterol
Diole
Arnidiol
Brein
Calenduladiol
Erythrodiol
Faradiol
Maniladiol
Ursadiol
Triole
Heliantriol A_1
Heliantriol B_0
Heliantriol B_1
Heliantriol B_2
Heliantriol C
Heliantriol F
Longispinogenin
Lupentriol
Ursatriol

vom ψ-Taraxen, Taraxen, Lupen, Oleanen und Ursen ab (Abb. 12–16).

Alle Alkohole kommen frei oder verestert vor [35–37]. 10% der Monole und 98% der Diole sind verestert, die Monole mit Essigsäure, die Diole hauptsächlich mit Laurin-, Myristin- und Palmitinsäure. 98% der Diole liegen als Monoester vor, nur 2% als Diester [38]. Die Biosynthese der Triterpenalkohole findet in verschiedenen Teilen der Samen statt. Im Embryo werden nur Oleananderivate gebildet. Die Kotyledonen synthetisieren dagegen Verbindungen der Ursan- und Lupangruppe [39]. Sterole, Oleanolsäure

$R_1 = R_2 = R_3 = H$:	ψ-Taraxen
$R_1 = OH; R_2 = R_3 = H$:	ψ-Taraxasterol
$R_1 = R_2 = OH; R_3 = H$:	Faradiol
$R_1 = R_2 = R_3 = OH$:	Heliantriol B_0

Abb. 12: Triterpenalkohole mit ψ-Taraxenstruktur.

$R_1 = R_2 = R_3 = H$:	Δ^{12}-Oleanen
$R_1 = OH; R_2 = R_3 = H$:	β-Amyrin
$R_1 = R_2 = OH; R_3 = H$:	Maniladiol
$R_1 = R_2 = R_3 = OH$:	Longispinogenin

Abb. 15: Triterpenalkohole mit Oleanenstruktur.

$R_1 = R_2 = R_3 = H$:	Taraxen
$R_1 = OH; R_2 = R_3 = H$:	Taraxasterol
$R_1 = R_2 = OH; R_3 = H$:	Arnidiol
$R_1 = R_2 = R_3 = OH$:	Heliantriol B_1

Abb. 13: Triterpenalkohole mit Taraxenstruktur.

$R_1 = R_2 = R_3 = H$:	Δ^{12}-Ursen
$R_1 = OH; R_2 = R_3 = H$:	α-Amyrin
$R_1 = R_2 = OH; R_3 = H$:	Brein
$R_1 = R_2 = R_3 = OH$:	Ursatriol

Abb. 16: Triterpenalkohole mit Ursenstruktur.

$R_1 = R_2 = R_3 = H$:	Lupen
$R_1 = OH; R_2 = R_3 = H$:	Lupeol
$R_1 = R_2 = OH; R_3 = H$:	Calenduladiol
$R_1 = R_2 = R_3 = OH$:	Heliantriol B_2

Abb. 14: Triterpenalkohole mit Lupenstruktur.

und Spuren von Monolen werden in sämtlichen Pflanzenteilen während aller Entwicklungsstadien gefunden. Die Blüten enthalten Triterpendiole und eine größere Menge von Monolen. Die Biosyntheserate der Triterpene ist am höchsten in Keimlingen, jungen Blättern und Blütenknospen [40]. Die Monolester sind Biosynthesevorstufen der Diolmonoester, während die freien Monole zu Diolen und Triolen hydroxyliert werden [41].

Die Monole sind sowohl außerhalb als auch innerhalb (68%) der Chromoplasten lokalisiert. Der hohe Gehalt von freien und gebundenen Monolen in den Chromoplasten bezeugt den Transport zu den Organellen, ohne daß die Transportform näher bezeichnet werden könnte [22]. Die Diole finden sich dagegen ebenso wie die Triole fast ausschließlich in den Chromoplasten [41–43]. Die Diole sind wahrscheinlich in den gleichen Organellen wie die Carotinoide lokalisiert [57]. Die Triole liegen zumeist in freier Form vor, nur ein geringer Teil als Monoester mit den gleichen Fettsäuren wie die Diole. Diester und Triester sind abwesend [44].

In den alternden Blüten geht der Triterpenoidgehalt zurück, wahrscheinlich durch eine Verlagerung in die Samen [32]. Der Rückgang ist auch erklärbar durch eine Verlangsamung der Monolsynthese und deren Hydroxylierung zu Diolen und Triolen. Es scheint, daß die Monole zu den entsprechenden Diolen hydroxyliert werden, die in den Blüten vorwiegend in Form von Acetaten akkumuliert werden. Wahrscheinlich sind alle Triterpenoidacetate metabolisch weniger aktiv als die freien Verbindungen. Dies wird bestätigt durch das Vorkommen der beiden Oleanolsäurevorstufen β-Amyrin und Erythrodiol, die üblicherweise in freier Form vorliegen [45].

Der Monolgehalt der getrockneten Blüten beträgt etwa 0,6%, davon sind 14% α-Amyrin (3β-Hydroxyurs-12-en), 26,1% β-Amyrin (3β-Hydroxyolean-12-en), 6,0% Lupeol (3β-Hydroxylup-20(30)-en), 2,8% Taraxasterol (3β-Hydroxyurs-20(30)-en und 51,1% ψ-Taraxasterol (3β-Hydroxyurs-20-en). Etwa 11% der Monole liegen in veresterter Form vor [22, 42, 46, 47].

Der Gehalt an Triterpendiol-3-monoestern beträgt 2,0 bis 4,0% [22]. Sie setzen sich zusammen aus 85,4% Estern des Faradiols (3β,16β-Dihydroxy-ψ-taraxen), 6,0% Estern des Calenduladiols (= Thurberins) (3β,16β-Dihydroxylup-20(29)-en), 4,9% Estern des Breins (3β,16β-Dihydroxyurs-12-en) und 3,3% Estern des Ursadiols (= Coflodiols) (3β,16β-Dihydroxyolean-13(18)-en). Der Rest (0,4%) besteht aus Estern des Erythrodiols (3β,28-Dihydroxyolean-12-en), des Maniladiols (3β,16β-Dihydroxyolean-12-en) und des Arnidiols (3β,16β-Dihydroxytaraxen) [22, 36, 42, 48–54].

Die Blüten enthalten ferner ca. 0,2% Triterpentriole, hauptsächlich in freier Form, neben einem geringen Anteil als Monoester [43, 44, 51, 55, 56]. Davon sind 16,6% Longispinogenin (3β,16β,28-Trihydroxyolean-12-en), 20,8% Heliantriol B_2 (= Lupentriol) (3β,16β-28-Trihydroxylup-20(29)-en), 15,2% Heliantriol F (3β,16β,30-Trihydroxytarax-20-en), 30,1% Heliantriol C (3β,16β,22-Trihydroxytarax-20-en) und 17,2% Ursatriol (3,16,21-Trihydroxyurs-12-en) [44]. Ferner lassen sich Heliantriol A_1 (= Coflotriol) (3β,16β,28-Trihydroxyolean-13(18)en), Heliantriol B_0 (3β,16β,28-Trihydroxytarax-20-en) und Heliantriol B_1 (3β,16β,28-Trihydroxytarax-20(30)-en) nachweisen [51]. Diester und Triester sind abwesend.

2.1.3 Sterole

Sterole kommen in allen Teilen der Ringelblume während der gesamten Vegetationsperiode als freie Alkohole, Ester und Glykoside vor [3,59–63]. Der Sterolgehalt der getrockneten Blüten beträgt 0,06% bis 0,08% [22]. Die Zungenblüten haben den höchsten Gehalt mit 0,125% Sterolen, davon sind 65% freie Sterole, 15% Sterylglykoside und 20% Sterylester [47, 64]. Die Sterole der Blüten sind mit Laurin- (9,3%),

Myristin- (31,3%), Palmitin- (45,3%), Stearin- (5,2%), Öl- (7,6%) und Linolsäure (1,5%) verestert [22, 36].

An freien Sterolen wurden aus den Blüten isoliert: Stigmasterol (49,3%), Sitosterol (33,8%), Campesterol (11,4%), Cholesterol (1,6%) [22]. 28-Isofucosterol, 24-Methylencholesterol [65], Stigmastan-3β-ol, Stigmast-7-en-3β-ol und Ergost-7-en-3β-ol [66], ferner das Methylsterol Citrostadienol (= α_1-Sitosterol) und sein Isomer, das 4α-Methylstigma-7-Z-(24,28)di-en-3β-ol sowie 24-Methylen-lophenol [67]. In den Chromoplasten der Blüten verteilen sich die freien Sterole auf 63,7% Stigmasterol, 25,1% Sitosterol und 11,2% Campesterol.

Bei den Sterylestern der Blüten dominiert Sitosterol (77,4%) neben Stigmasterol (22,6%), während die Chromoplastenfraktion 49,3% Sitosterol neben 27,0% Stigmasterol und 13,7% Campesterol aufweist [22]. Der Gehalt an Isofucosterol, das biosynthetisch als Vorstufe von β-Sitosterol und Stigmasterol angesehen wird, ist in allen Fraktionen am niedrigsten [45]. Methylsterole sind in den Sprossen in freier Form und als Ester vertreten [37].

Über die intrazelluläre Verteilung der Sterole in den Ringelblumenblättern liegen ebenfalls eingehende Studien des Arbeitskreises um Frau Prof. Zofia Kasprzyk vom Biochemischen Institut der Universität Warschau vor. 66% aller Sterylformen sind in den Mikrosomen enthalten, 24% in den Mitochondrien und Golgi-Membranen, 5% in den Chloroplasten, 4% im Plasmalemma und 1% im Cytosol. Freie Sterole sowie deren Ester, Glykoside und acylierten Glykoside sind in den zellulären Subfraktionen in wechselnden Anteilen enthalten [68]. Mit Ausnahme des Cytosols, in dem 65% aller Sterole ver-estert sind, dominieren in allen Fraktionen die freien Sterole mit 60 bis 70%. Sterylester finden sich vor allem in den Chloroplasten (29%) und im Plasmalemma (23%), weniger dagegen in Mitochondrien und Golgi-Membranen (14%) und in den Mikrosomen. Glucoside (GS) und acylierte Glucoside (AGS) sind vor allem in Mitochondrien und Golgi-Membranen (19% GS, 12% AGS), sowie in den Mikrosomen (16% GS, 12% AGS) und im Cytosol (11% GS, 4% AGS) enthalten. Das Plasmalemma enthält ausschließlich GS (16%) [69].

Auch die Sterolverteilung während der verschiedenen Vegetationsperioden war Gegenstand von Untersuchungen. Die Keimungsperiode ist gekennzeichnet durch die Hydrolyse der Ester zu freien Sterolen, die Blüte durch Akkumulation der Sterole in allen Pflanzenorganen und die Seneszenz durch Hydrolyse der Sterylester im Sproß und durch Veresterung der Sterole in den Wurzeln und den Samen [71]. Im Stadium der Knospenbildung steigt der Gehalt an freien und veresterten Sterolen rasch an; der Anstieg verlangsamt sich bis zur völligen Blütenentfaltung; der Gehalt verändert sich in den älteren Blüten praktisch nicht mehr [45].

In 3 und 14 Tage alten Keimlingen und in den Blättern sind folgende Sterole identifiziert worden: Cholestanol, Campestanol, Stigmasterol, Cholest-7-en-3β-ol, 24-Methylcholest-7-en-3β-ol, Stigmasten-7-en-3β-ol, Cholesterol, Campesterol, Sitosterol, 24-Methylcholesta-5,22-dien-3βol, 24-Methylencholesterol und Clerosterol. Sitosterol dominiert in jüngeren und Stigmasterol in älteren Geweben. Alle Sterole liegen in freier Form, als Sterylester, Glucoside, acylierte Glucoside und wasserlösliche Komplexe vor [71, 72].

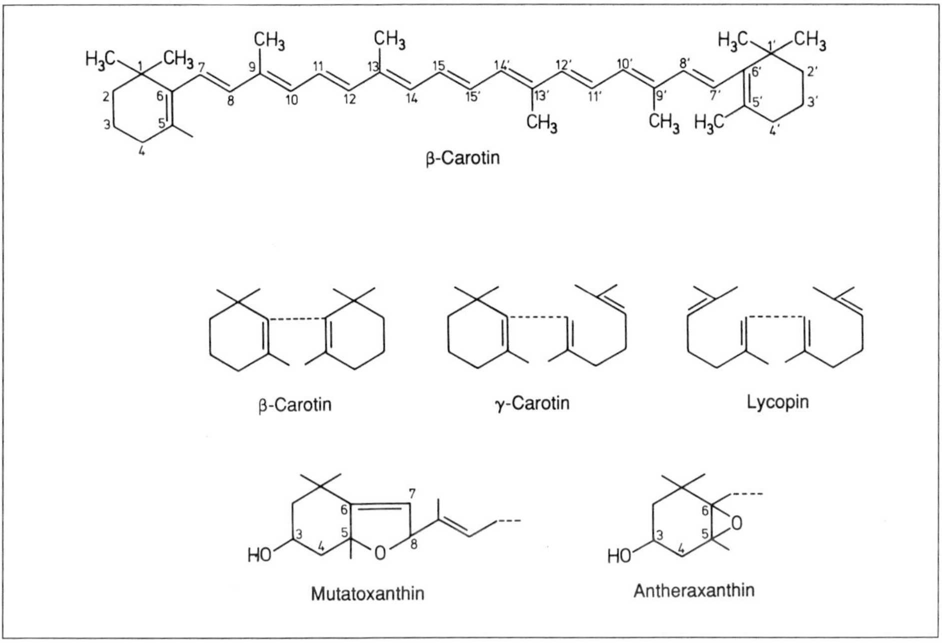

Abb. 17: Carotinoide aus C. officinalis (nach [81]).

2.1.4 Carotinoide

Die Carotinoide werden unterteilt in Kohlenwasserstoffe, die sogenannten „Carotine", und in sauerstoffhaltige Verbindungen, die „Xanthophylle". Die Farbe der Ringelblumenblüten ist auf den Gehalt an Carotinoiden zurückzuführen. Je nach der Farbe der Blüten lassen sich zwei Gruppen unterscheiden: Die orangefarbenen Varietäten zeichnen sich durch ihren Gehalt an Carotinen aus. In den gelb blühenden Varietäten sind dagegen vorwiegend Xanthophylle enthalten, insbesondere 5,8-Epoxide [73, 74, Abb. 17]

Die intensiv orange gefärbten Zungenblüten haben den höchsten Carotinoidgehalt, der bis zu 1,5% [75, 76] oder gar 3% [77] steigen kann. Der Carotinoidgehalt der einzelnen Varietäten ist wenig unterschiedlich: Lutein überwiegt. Der Anteil an Epoxy-Verbindungen liegt dagegen unter 3% [78]. Maßgebend für die Farbintensität der orangefarbenen Varietäten ist das Lycopin, das in den gelben Blüten fehlt (Tab. 5).

Die gelben Blüten enthalten Violaxanthin, Auroxanthin, cis-Luteoxanthin, 9-cis-Luteinepoxid, Luteoxanthin, cis-Flavoxanthin, 9'-cis-Lutein, 9-cis-Lutein, Flavoxanthin, Luteinepoxid, Lutein, β-Carotin, γ-Carotin, ζ-Carotin, Phytofluen, Flavochrom, Mutatochrom und Chrysanthemaxanthin [74, 79].

Die orangefarbenen Blüten enthalten Violaxanthin, Auroxanthin, cis-Luteoxanthin, 9-cis-Antheraxanthin, 9-cis-Luteinepoxid, Luteoxanthin, 9'-cis-Lutein, 9-cis-Lutein, Mutatoxanthin, Flavoxanthin, Luteinepoxid, Lutein, Lycopin und β-Carotin [79].

Als Inhaltsstoffe von nicht näher definierten Varietäten werden ferner Zea-

Tab. 5: Carotinoide aus C.officinalis (nach [81])

Trivialname	Struktur
Antheraxanthin	3,3'-Dihydroxy-5,6-epoxy-β-carotin
Auroxanthin	3,3'-Dihydroxy-5,8,5',8'-diepoxy-β-carotin
ζ-Carotin	7,8,7',8'-Tetrahydrolycopin
Chrysanthemaxanthin	3,3'-Dihydroxy-5,8-epoxy-α-carotin
Citroxanthin	5,8-Epoxy-β-carotin
Flavochrom	5,8-Epoxy-α-carotin
Flavoxanthin	Stereoisomeres vom Chrysanthemaxanthin?
Lutein	3,3'-Dihydroxy-α-carotin
Luteoxanthin	3,3'-Dihydroxy-5,6-epoxy-5',8'-epoxy-β-carotin
Mutatochrom	= Citroxanthin
Mutatoxanthin	3,3'-Dihydroxy-5,8-epoxy-β-carotin
Rubixanthin	3-Hydroxy-α-carotin
Violaxanthin	3,3'-Dihydroxy,5,6,5',6'-diepoxy-β-carotin
Zeaxanthin	3,3'-Dihydroxy-β-carotin

xanthin [78], β- und γ-Carotin, Lycopin, Violaxanthin sowie Rubixanthin erwähnt [80–93].

Tab. 6 zeigt die Verteilung der Mono-cis-isomere in Antheren, Blütenblättern und Früchten. Daraus geht hervor, daß in Calendula 9-cis-Antheraxanthin zusammen mit 9-cis-Luteinepoxid vorkommt, die beiden 9'-cis-Isomere aber fehlen.

In Calendulablüten ist ebenfalls Loliolid nachweisbar [94], ein 1,3-Dihydroxy-3,5,5-trimethylcyclohexyliden-4-essigsäurelacton [95, Abb. 18], das bereits früher aus Arnica montana isoliert worden ist [96].

Tab. 6: Quantitative Verteilung einiger Carotinoide in gelben und orangen Calendula-Blüten (in % des Gesamtpigments) (nach [79])

	Gelbe Blüten	Orange Blüten
Antheraxanthin		
9-cis	4,0	4,3
9'-cis	–	–
Luteinepoxid		
9-cis	8,3	4,1
9'-cis	–	–
all-trans	7,2	6,2
Lutein		
9-cis	4,3	2,3
9'-cis	3,2	2,2
all-trans	8,6	4,6

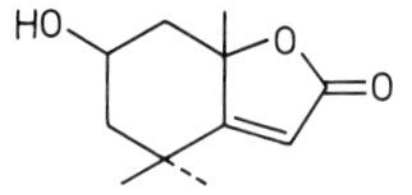

Abb. 18: Struktur des Loliolids.

Violaxanthin kann leicht zu Loliolid und Violoxin transformiert werden. Dies deutet darauf hin, daß Loliolid ein Abbauprodukt der Carotinoide ist [97]. Loliolid ist wahrscheinlich mit dem Bitterstoff Calendin identisch [98], und im übrigen als ameisenabwehrend bekannt [99] (vgl. 2.1.8 Sesquiterpenlactone).

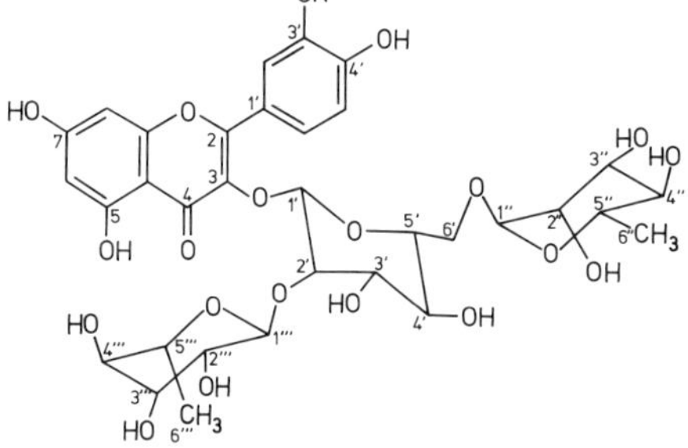

R = H = Quercetin-3-0-(2'', 6''-dirhamnosyl)glucosid
R = CH₃ = Isorhamnetin-3-0-(2'', 6''-dirhamnosyl) glucosid

Abb. 19: Struktur von Flavonolglykosiden aus C. officinalis.

2.1.5 Flavonoide, Cumarine

Die Ringelblumenblüten enthalten Flavonolglykoside mit Isorhamnetin oder Quercetin als Aglykon [101–112, Abb. 19].

Die sonst für die Asteraceen so typischen methoxylierten Flavonaglyka lassen sich mit Ausnahme des freien Isorhamnetins nicht nachweisen [100]. Auch das Vorkommen von freiem oder gebundenem Kämpferol [109] ist fraglich [100, Tab. 7].

Bisher unbestätigt geblieben ist das Vorkommen dreier neuer Flavonoide namens Calendoflasid, Calendoflavosid und Calendoflavobiosid [110]. Gesichert sein dürfte dagegen neuerdings das Vorliegen von Rutosid [105, 108, 109], dessen Anwesenheit in der Calendula-Blütendroge bestritten wurde [100, 101]. Sowohl bei der HPLC-Analyse der Zungenblüten als auch bei DC- und HPLC-Chromatogrammen der Röhrenblüten ist Rutosid neben Quercetin-3-O-neohesperidosid zu finden. Allerdings läßt es sich bei der DC-Untersuchung schwierig nachweisen. Die entsprechende Zone ist manchmal so

Tab. 7: Flavonolglykoside aus C.officinalis

Quercetin-3-0-(2'',6''-dirhamnosyl) glucosid
Isorhamnetin-3-0-(2'',6''-dirhamnosyl) glucosid
Quercetin-3-0-(2''-rhamnosyl)glucosid
Isorhamnetin-3-0-(2''-rhamnosyl)glucosid
Quercetin-3-0-(6''-rhamnosyl)glucosid (= Rutosid)
Isorhamnetin-3-0-(6''-rhamnosyl)glucosid (= Narcissin)
Quercetin-3-0-glucosid (= Isoquercitrin)
Isorhamnetin-3-0-glucosid
Isorhamnetin-3β-D-glucopyranosyl-6-1β-L-rhamnofuranosid (107)

schwach ausgebildet, daß zusätzliche Untersuchungen notwendig werden [7, vgl. 5.5.3.1].

Auch die Annahme, daß keine Unterschiede im Flavonoidspektrum der gelben und orangeroten Varietäten bestehen, bedarf wohl der Korrektur. So ist bei einer orangefarbenen Sorte ein signifikant höherer Gehalt an Isorhamnetin-3-O-(2″,6″-dirhamnosyl)glucosid als bei einer gelben festgestellt worden [7].

Der Flavonoidgehalt der Blütendroge liegt zwischen 0,25 und 0,88% [105–107]. Populationen, die von einem größeren Breitengrad stammen, sollen einen höheren Flavonoidgehalt aufweisen als solche von einem niedrigeren Breitengrad. Ebenfalls einen höheren Flavonoidgehalt sollen Calendula-Populationen mit büscheligen, orangefarbenen Blütenköpfchen von mittlerer Größe und mittlerem Gewicht, sowie mäßigem Ertrag pro Flächeneinheit besitzen. Der Flavonoidgehalt korreliert mit der Akkumulation der anderen phenolischen Verbindungen [105].

Die Calenduleae sind gemeinhin nicht als Cumarinpflanzen bekannt [100], doch ist Scopoletin bereits 1968 [114] als Inhaltsstoff der Ringelblumenblüten beschrieben worden. Auch Umbelliferon und Aesculetin wurden nachgewiesen [115]; die Anwesenheit von Scopoletin und Aesculetin ist erst kürzlich bestätigt worden [103].

2.1.6 Phenole, Gerbstoffe

Die Infloreszenzen der Ringelblume enthalten eine Reihe von Phenolcarbonsäuren [116–119, Tab. 8].

Die Säuren kommen in freier und in gebundener Form vor. Sie sind sowohl in den Blüten selbst, als auch in den Blütenböden enthalten. Der Gehalt beträgt etwa 105 mg%, bezogen auf das Trockengewicht [116]. Als freie Säuren am stärksten vertreten sind Salicyl-, Gentisin- und Ferulasäure [116].

Die chromatographische Analyse von wäßrigen und ethanolischen Blütenextrakten ergab nur Spuren von Pyrogalloltanninen und das völlige Fehlen von Pyrocatecholtanninen. Calendula officinalis kann deshalb nicht als Gerbstoffdroge angesehen werden [120].

2.1.7 Ätherisches Öl

Träger des charakteristischen Geruchs der Ringelblumen ist das ätherische Öl. In den frischen Calendula-Blüten sind etwa 0,03%, in den luftgetrockneten etwa 0,2% ätherisches Öl enthalten [121]. Am höchsten ist der Gehalt in den Röh-

Tab. 8: Phenolcarbonsäuren aus C.officinalis (nach [116, 117, 120])

Salicylsäure	o-Cumarsäure
p-Hydroxybenzoesäure	p-Cumarsäure
Gentisinsäure	Kaffeesäure
Protocatechusäure	Ferulasäure
Vanillinsäure	Sinapinsäure
Syringasäure	Chinasäure
o-Hydroxyphenylessigsäure	Zimtsäure
	Veratrumsäure
	Chlorogensäure

Tab. 9: Fraktionen des ätherischen Calendula-Öls (nach [121])

	Äther.Öl aus trockenen Blüten	Äther.Öl aus frischen Blüten	Extrakt aus trockenen Blüten*
Monoterpen-kohlenwasserstoffe	1,0%	27,4%	8,3%
Sesquiterpen-kohlenwasserstoffe	43,4%	16,7%	60,8%
Sauerstoffhaltige Verbindungen	55,6%	55,9%	30,9%
* n-Pentan/Diethylether (l:l; v/v)			

renblüten mit 0,64% gegenüber nur 0,082% in den Zungenblüten [122]. Ältere, zum Teil wesentlich niedrigere Gehaltsangaben [123–125] dürften überholt sein. Sie haben ihre Ursache vermutlich in den erheblichen Differenzen im Ölgehalt der verschiedenen Blütenteile [122]. Ein Ölgehalt in der frischen Blattdroge von 0,7%, bezogen auf das Trockengewicht [126], erscheint dagegen unwahrscheinlich hoch. In den Organen der gelbblühenden Varietät wurde mit Ausnahme der Knospen und Zungenblüten ein höherer Gehalt als in den Organen der orangeblühenden gefunden, doch besteht in der Zusammensetzung der beiden Öle kein Unterschied [122]. Das ätherische Öl der frischen Blüten enthält hauptsächlich Sesquiterpene (Tab. 9).

Wie aus Tab. 9 hervorgeht, ist das ätherische Öl der frischen Blüten relativ reich an Monoterpen-Kohlenwasserstoffen, während bei dem Öl aus getrockneten Blüten und dem lipophilen Extrakt die Sesquiterpen-Kohlenwasserstoffe überwiegen [121]. Ein Methylenchloridextrakt der Blüten enthält 78% des Gesamtcaryophyllens [127].

Im ätherischen Öl der frischen Blüten sind etwa 45 Substanzen identifiziert worden (Tab. 10).

Die sauerstoffhaltigen Verbindungen machen etwa 45,8% der gesamten Peakfläche eines Gaschromatogramms aus. Die meisten nichtidentifizierten Verbindungen sind Sesquiterpene [121].

Tab. 10: Die wichtigsten Bestandteile des ätherischen Öls der frischen Blüten von C.officinalis (nach [121])

Kohlenwasserstoffe	%
alpha-Pinen	6,07
alpha-Thujen	11,20
Sabinen	0,53
p-Cymen	1,29
beta-Caryophyllen	0,39
alpha-Humulen	0,66
Germacren-D	0,44
gamma-Cadinen	2,09
Calamenen	0,39
delta-Cadinen	7,51
Sauerstoffhaltige Verbindungen	**%**
Linalool	0,21
Terpinen-4-ol	1,97
alpha-Terpineol	0,33
Cubenol	0,59
T-Cadinol	12,41
alpha-Cadinol	27,73
Palustrol	0,46
beta-Eudesmol	1,71

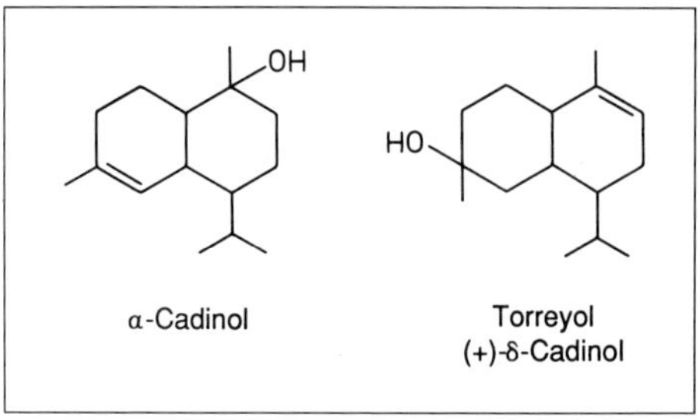

Abb. 20: Struktur von α-Cadinol und Torreyol.

Die Hauptbestandteile alpha-Cadinol und T-Cadinol sind bereits früher nachgewiesen worden [83, 126–129]. Die Bestätigung von Torreyol (/+/− δ-Cadinol), angeblich Hauptbestandteil des ätherischen Öls der Röhrenblüten, und von T-Muurolol [122] steht noch aus [121, Abb. 20].

Im ätherischen Öl sind folgende Fettsäuren identifiziert worden: Capryl-, Caprin-, Laurin-, Myristin- und Palmitinsäure [121]; letztere ist auch bereits früher gefunden worden [126].

2.1.8 Sesquiterpenlactone

Unter der Bezeichnung „Calenden" und „Calendulin" tauchte im Frühstadium der Calendula-Forschung ein nichtkristalliner Bitterstoff auf [85, 130]. 1961 isolierten Suchý und Herout [131] aus den Blüten in geringer Menge (0,01%) ebenfalls einen Bitterstoff, angeblich ein Sesquiterpenlacton, das den Namen „Calendin" erhielt. Aus Substanzmangel unterblieb eine tiefergehende Untersuchung. Die Existenz des „Calendins" in der Ringelblume erlangte in der Folgezeit chemotaxonomische Bedeutung, handelte es sich doch um das einzige Sesquiterpenlacton nicht nur in der Gattung Calendula, sondern selbst in der gesamten Tribus Calenduleae [132–135]. Inzwischen sind Zweifel

angebracht. Nach einer kürzlichen Überprüfung durch Willuhn und Westhaus [98, 103] scheint es sich bei dem „Calendin" um das schon länger bekannte Loliolid zu handeln (vgl. 2.1.4). Die Aussage, daß die Sesquiterpenlactone eine für die ganze Familie der Compositen charakteristische Stoffgruppe und in allen Tribus bekannt seien [100], bedarf deshalb der Korrektur.

2.1.9 Polysaccharide

Ringelblumenblüten enthalten neben 9,67% Pektinen und 5,92% Hemizellulose noch 14,75% wasserlösliche Polysaccharide [136]; es handelt sich um verzweigtkettige saure Heteroglykane [137, 138], deren Struktur Rhamnoarabino- bzw. Arabinogalactanen entspricht [139]. Das Polysaccharid PS I besteht aus Arabinose, Rhamnose und Galactose. Die beiden anderen Polysaccharide PS II und PS III sind nur aus Arabinose und Galactose aufgebaut (Abb. 21). Das mittlere Molekulargewicht beträgt 15 000 (PS I), 25 000 (PS II) und 35 000 (PS III).

2.1.10 Paraffin-Kohlenwasserstoffe

Aus den Calendulablüten ist zunächst nur ein Paraffin ($C_{32}H_{62}$) [131], dann Hentriacontan [140] isoliert worden. Stevenson wies 1961 nach, daß die Kohlenwasserstoff-Fraktion des unverseifbaren Anteils aus Hexacosan (2,1%), Heptacosan (0,5%), Octacosan (16,3%), Nonacosan (3,0%), Triacontan (33,8%), Hentriacontan (3,2%), Dotriacontan (29,9%), Tritriacontan (3,9%) und Tetratriacontan (7,3%) besteht [46]. In einer weiteren Arbeit wurden in den Blütenblättern gaschromato-

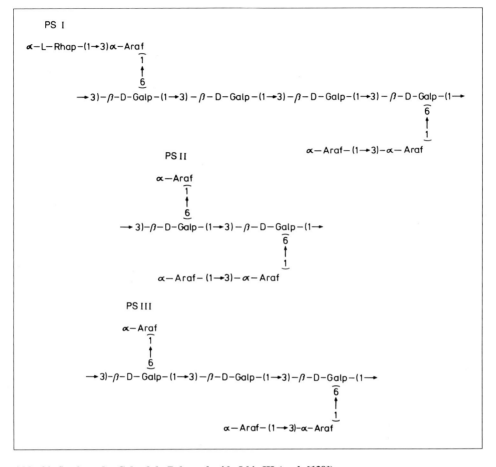

Abb. 21: Struktur der Calendula-Polysaccharide I bis III (nach [139]).

graphisch 18 n-Paraffine von C_{18} bis C_{35} ermittelt, die sich in folgender Weise verteilen:

C_{18} (0,1%), C_{19} (7,4%), C_{20} (0,6%), C_{21} (12,6%), C_{22} (0,5%), C_{23} (11,3%), C_{24} (0,5%), C_{25} (9,5%), C_{26} (0,5%), C_{27} (17,8%), C_{28} (2,0%), C_{29} (22,7%), C_{30} (1,6%), C_{31} (9,7%), C_{32} (0,5%), C_{33} (2,2%), C_{34} (0,2%), C_{35} (0,3%). Der Gesamtgehalt an n-Paraffinen wird auf 0,015% der frischen Blüten geschätzt. Das Verhältnis von ungeraden zu geraden n-Paraffinen beträgt 93,5 zu 6,5 [141].

2.1.11 Stickstoffhaltige Verbindungen

Mit Ausnahme von Allantoin (5-Ureidohydantoin) sind in Blüten, Kraut und Wurzeln der Ringelblume keine N-haltigen Verbindungen bekannt. Allantoin entsteht beim Purinabbau und dient bei manchen Pflanzen als Speicher- und Transportsubstanz [142]. Der höchste Gehalt findet sich in den Blütenköpfchen (0,136 bis 0,147%), ein geringerer in den Zungenblüten (0,104 bis 0,116%) und der niedrigste im Kraut und in den Wurzeln (0,052 bis 0,107%).

Dieser Gehalt bezieht sich auf Pflanzen polnischer Herkunft. In Ringelblumen, die aus Rumänien stammten, betrug der Allantoingehalt 0,55 bis 0,66% in den Blütenköpfchen und 0,25 bis 0,30% in den Zungenblüten, lag also dreimal so hoch wie in den polnischen [143].

2.1.12 Prenylchinone und Tocopherole

Im Zusammenhang mit Untersuchungen über den Zellstoffwechsel von Calendula-Blättern wurde festgestellt, daß Plastochinon nur in den Chloroplasten vorkommt und Ubichinon nur in den Mitochondrien. Phyllochinon wurde sowohl in Chloroplasten als auch in Mitochondrien gefunden [144]. Der Gehalt an Polyprenylchinonen und α-Tocopherol wird vom Vegetationsstadium und von der Belichtungsintensität beeinflußt [145, 146].

Erstmals bei einer höheren Pflanze ist in Calendula-Blättern die intrazelluläre Verteilung der Tocopherole qualitativ und quantitativ exakt bestimmt worden. γ- und δ-Tocopherol finden sich in Chloroplasten, Mitochondrien und Mikrosomen, α-Tocopherol nur in den Chloroplasten; die Golgi-Membranen und das Cytosol sind frei von Tocopherolen [147]. Pflanzen, die im Dunkeln gehalten werden, enthalten außerdem 7-Monomethyltocol in Chloroplasten, Mitochondrien und Mikrosomen [148, Abb. 22].

Zum ersten Mal bei einer höheren Pflanze ist auch der Gehalt an 5- und 6-Phytyltoluchinon und 7- und 8-Methyltocol während der gesamten Vegetationsperiode von C. officinalis ermittelt worden. Die Konzentration von 5- und 6-Phytyltoluchinon steigt nach der Keimung rasch an und nimmt bei einwöchigen Sämlingen ebenso schnell wieder

R_1 = Me, R_2 = R_3 = H	5-Methyltocol
R_1 = R_3 = H, R_2 = Mc	7-Methyltocol
R_1 = R_2 = H; R_3 = Mc	8-Methyltocol (δ-Tocopherol)
R_1 = R_2 = Mc, R_3 = H	5,7-Dimethyltocol
R_1 = R_3 = Mc, R_2 = H	5,8-Dimethyltocol (β-Tocopherol)
R_1 = H, R_2 = R_3 = Mc	7,8-Dimethyltocol (γ-Tocopherol
R_1 = R_2 = R_3 = Mc	5,7,8-Trimethyltocol (α-Tocopherol)

Abb. 22: Tocol-Derivate aus C. officinalis (nach [148]).

ab. Der Gehalt an 7-Methyltocol geht bis zur 3. Woche auf Null zurück. Dagegen steigt der Gehalt an Plastochinon, Ubichinon, 8-Methyltocol, α-Tocopherolchinon sowie von α- und γ-Tocopherol bis zur Blüte kontinuierlich an. Während der Seneszenz vermindert sich der Gehalt wieder, mit Ausnahme von dem des Ubichinons. Alle Substanzen sind im Sproß und in den Blüten enthalten [149]. Die Biosynthese der Calendula-Tocopherole findet nicht nur in den Chloroplasten, sondern auch in den Mikrosomen statt [150].

2.1.13 Verschiedene Substanzen

Die Blütenköpfchen enthalten angeblich Verbindungen mit einer den Pyrethrinen ähnlichen Struktur [151]. Der Gehalt an Vitamin C wird mit 0,133 bis 0,310% angegeben [152]. Kroeber [153] nennt außerdem 19,13% Bitterstoff, 3% Calendulin, 2,5% Gummi, 1,5% N-haltigen Schleim, 3,44% Harz, 0,64% Albumin und 6,84% Apfelsäure. Von einer ziemlich großen Menge Schleim berichtet auch Proserpio [154).

Älteren Angaben zufolge enthält die Ringelblume auch Oxidase, Peroxidase und Katalase [155]. Der Gehalt an Asche beträgt 9,5 bis 12,4% [156]. Die Asche enthält K, Na, Ca, Mg und Cl [157]. Bemerkenswert ist ein hoher Mangangehalt, besonders in den gefüllten Varietäten [158].

2.2 Inhaltsstoffe der Wurzeln

2.2.1 Triterpenglykoside

Die Saponoside der Wurzeln von Calendula officinalis sind unabhängig voneinander und fast gleichzeitig von einer polnischen Arbeitsgruppe um Wojciechowski und Kasprzyk und einer sowjetischen Arbeitsgruppe um Vecherko bearbeitet worden.

Die Ergebnisse der beiden Gruppen lassen sich jedoch nicht in Übereinstimmung bringen. Die vorgeschlagenen Strukturformeln unterscheiden sich besonders hinsichtlich der Anzahl der Zuckerreste und der interglykosidischen Verknüpfung. Eine erneute Untersuchung dürfte erforderlich sein, um endgültig Licht in die Strukturproblematik der Wurzelsaponine zu bringen.

Von Kasprzyk und Wojciechowski [29, 159] sind die 8 Saponoside entsprechend dem aufsteigenden Zuckeranteil

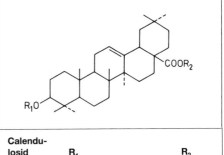

Glykosid	R_1	R_2
I	Glu-	
II	Gal (1–4) - Glu -	H
III	Gal - Gal (1–4) - Glu–	H
IV	Gal (1–4) / Glu (1–3) > Glu -	H
V	Glu - Glu (1–3) / Gal (1–4) > Glu -	H
VI	Glu - Glu (1–3) / Gal - Gal (1–4) > Glu -	H
VII	Glu - Glu - Glu (1–3) / Gal (1–4) > Glu -	H
VIII	Glu - Glu (1–3) / Gal (1–4) > Glu -	- Glu

Calendu-losid	R_1	R_2
A	Gal (1–4) - Glu -	H
B	Gal (1–4) - Glu -	- Glu
C	Glu (1–2) / Glu (1–3) > Glu	H
D	Glu (1–2) / Gal (1–4) > Glu - Glu - - Glu	
E	Glur -	H
F	Glur -	- Glu
G	Gal (1–3) - Glur -	H
H	Gal (1–3) - Glur -	-Glu

Abb. 23: Saponoside der Wurzeln von C. officinalis nach Wojciechowski und Kasprzyk (29, 159).

Abb. 24: Saponoside der Wurzeln von C. officinalis nach Vecherko et al. (15, 160–166).

als Glykoside I bis VIII bezeichnet worden (Abb. 23).

Vecherko nennt die von ihm isolierten Saponoside entsprechend der ansteigenden Polarität Calenduloside A bis H [15, 160–166, Abb. 24].

Der Calendulosidgehalt der Wurzeln beträgt bis zu 4% [167].

Während die Saponoside der Blüten immer ausschließlich mit Glucuronsäure verbunden sind, ist bei den Saponosiden der Wurzeln das Aglykon stets mit Glucose verbunden. Die Glykoside A, B, C, D und F werden je nach Entwicklungsstadium und Organ zunächst nicht nur in den grünen Teilen, sondern auch in den Wurzeln in wechselnden Mengen gefunden [28]. Im Stadium der Nachblüte enthalten die Wurzelglykoside dann keine Glucuronsäure mehr. Lediglich der 6'-Methylester des 3-0-Glucuronids (Saponosid G) und freie Oleanolsäure sind daneben noch in den Wurzeln nachweisbar [159].

2.2.2 Ätherisches Öl

Die Wurzeln enthalten etwa 0,082% ätherisches Öl. Die Zusammensetzung des Wurzelöls ist von der des Blütenöls in einigen Komponenten verschieden [122].

2.2.3 Polyine

Für den Acetylenstoffwechsel der Compositen ist nicht nur die Bildung aliphatischer, sondern auch einer Vielfalt zyklischer Verbindungen charakteristisch [100]. Es erstaunt daher, daß in der Ringelblume bisher nur ein einziges Polyin, das Trideca-1-en-3,4,7,9,11-pentain, nachgewiesen worden ist [168].

2.2.4 Prenylchinone und Tocopherole

Von Polyprenylchinonen und Tocopherolen kommt in den Calendula-Wurzeln nur Ubichinon in einer dem Gehalt der Blätter entsprechenden Konzentration vor [146]. Daneben findet sich in geringer Menge α-Tocopherol [149].

2.2.5 Verschiedene Substanzen

Kroeber nennt als Inhaltsstoff der Wurzeln das Inulin [153].

2.3 Inhaltsstoffe der Früchte

2.3.1 Fettes Öl und Fettsäuren

Fettes Öl ist in der Blütendroge kaum enthalten, denn Früchte sollen in der Droge nicht oder nur vereinzelt vorkommen [169]. Ihre Anwesenheit ist als Zeichen für eine späte Ernte der Blüten zu werten. Die Früchte enthalten 16,5% bis 26% Öl [170–173]. Hauptbestandteil des Öls ist die Calendulasäure.

Ihr Anteil am Gesamtöl liegt bei 50 bis 60% [174–178]. Der übrige Fettsäureanteil setzt sich zusammen aus 3,90% Laurinsäure, 3,58% Myristinsäure, 14,96% Palmitinsäure, 10,13% Stearinsäure, 4,55% Palmitoleinsäure, 16,26% Ölsäure, 39,45% Linolsäure und 7,15% Linolensäure [171].

Calendulasäure ist eine konjugierte

Triensäure und besitzt die Struktur einer trans-8-trans-10-cis-12-Octadecatriensäure [179] bzw. in Kurzform ttc-8,10,12–18: 3 [142], bzw. nach neuerer Nomenklatur 8E,10E,12Z-Octadecatriensäure [175, Abb. 25].

Neben der Calendulasäure sind im Calendula-Samenöl 3% einer 8E, 10E,12E-Octadecatriensäure nachweisbar [175]. Die Anwesenheit von 5% 9-Hydroxy-10,12-trans,cis-octadecatriensäure [180] ließ sich bisher nicht bestätigen [173].

Die Biogenese der Calendulasäure erfolgt nach Takagi [174] und Crombie [181] aus Linolsäure: cc-9,12–18:2 → 9-Hydroxy-tc-10,12–18:2 → ttc-8,10,12–18:3 → ttt-8,10,12–18:3.

Aufgrund der drei konjugierten Doppelbindungen und des hohen Gehaltes an Calendulasäure im Gesamtöl stellen die Ringelblumenfrüchte eine potentiell interessante Alternative für die Erzeugung von Samenölen mit ungewöhnlichen Fettsäuren für fettchemische Verwendungszwecke dar [182].

2.3.2 Proteine und Aminosäuren

Die entfetteten Samen haben einen Proteingehalt von 18%. Die essentiellen Aminosäuren machen 37,54% des Gesamtgehaltes an Aminosäuren aus. Die wesentlichsten Aminosäuren sind Leucin, Asparaginsäure und Glutaminsäure [171, Tab. 11].

Tab. 11: Aminosäuren in entfetteten Calendula-Samen (nach [171])

Essentielle Aminosäuren	%
Isoleucin	Spuren
Leucin	2,95
Lysin	0,48
Methionin	0,67
Phenylalanin	0,56
Threonin	0,47
Tryptophan	Spuren
Tyrosin	0,19
Valin	0,86
Nichtessentielle Aminosäuren	**%**
Alanin	0,75
Arginin	0,61
Asparaginsäure	3,55
Glutaminsäure	3,00
Glycin	1,10
Histidin	0,23
Prolin	0,28
Serin	0,76

2.3.3 Carotinoide

Von 15 untersuchten Pflanzenölen besitzt Calendula-Samenöl den höchsten Gehalt an β-Carotin [183], auch α-Carotin ist in den Calendula-Samen nachgewiesen worden [26].

Literatur

[1] Winterstein A., Stein G. (1931), Z physiol Chem 199: 64–74.
[2] Kasprzykowna Z., Bulhak B. (1958), 4th Intern Congr Biochem, Vienna, Abstr of Commun, p. 8; zit nach [12].

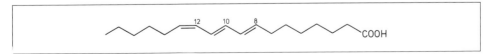

Abb. 25: Calendulasäure = 8E, 10E, 12Z – Octadecatriensäure

[3] Kasprzyk Z. (1975), Pol Ecol Stud 1: 97–106.
[4] Wojciechowski Z. A. (1975), Phytochemistry 14: 1749–1753.
[5] Steinegger E., Hänsel R. (1988), Lehrbuch der Pharmakognosie und Phytopharmazie, 4. Aufl., Springer-Verlag, Berlin Heidelberg New York London Paris Tokyo.
[6] Vidal-Ollivier E. (1988), Thèse de Doctorat en Science, Université d'Aix-Marseille.
[7] Heisig W. (1991), Dissertationes Botanicae, Bd. 167, J. Cramer, Berlin, Stuttgart.
[8] Bialaschik F. J. (1982), Dissertation Poznań, Institut für Heilpflanzenforschung.
[9] Vidal-Ollivier E., Balansard G., Faure R., Babadjamian A. (1989), J Nat Prod 52: 1156–1159.
[10] Ciborowski P., Wilkomirski B., Zdrojewski W., Kasprzyk Z. (1983), Phytochemistry 22: 107–109.
[11] Kintia PK., Wojciechowski Z., Kasprzyk Z. (1974), Bull Acad Polon Sci Ser Sci Biol 22: 73–76.
[12] Kasprzyk Z., Wojciechowski Z. (1967), Phytochemistry 6: 69–75.
[13] Vidal-Ollivier E., Babadjamian A., Faure R., Elias R., Balansard G. (1989), Pharm Acta Helv 64: 156–158.
[14] Vidal-Ollivier E., Babadjamian A., Faure R., Elias R., Balansard G. (1988), Poster 6e Colloque International consacré aux plantes médicinales et aux substances naturelles, Angers; zit nach [13].
[15] Vecherko L. P., Zinkevich E. P., Kogan L. M. (1973), Khim Prir Soedin 9: 561–562; zit nach CA 80: 15150.
[16] Vidal-Ollivier E., Babadjamian A., Faure R., Elias R., Balansard G. (1988), Plant méd phytothér 22: 235–241.
[17] Tamas M., Hodisan V., Grecu L., Fagarasan E., Baciu M., Muica I. (1978), St cerc biochim 21: 89–74; zit nach CA 89: 176359.
[18] Kasprzyk Z., Fonberg M., Polus E., Raczynski G., Rafalski A. (1965), Bull Acad Polon Sci Ser Sci Biol 13: 77–81; zit nach CA 63: 11249.
[19] Felklova M., Janečkova (1957), Českoslov Farmac 6: 577.
[20] Kasprzyk Z., Wojciechowski Z. (1969), Phytochemistry 8: 1921–1926.
[21] Sliwowski J., Kasprzyk Z. (1974), Phytochemistry 13: 1441–1449.
[22] Wilkomirski B., Kasprzyk Z. (1979), Phytochemistry 18: 253–255.
[23] Janiszowska W., Kasprzyk Z. (1977), Phytochemistry 16: 1919–1923.
[24] Kasprzyk Z., Wojciechowski Z., Janiszowska W. (1970), Phytochemistry 9: 561–564.
[25] Kasprzyk Z., Wojciechowski ZH., Jerzmanowski A. (1971), Phytochemistry 4: 797–805.
[26] Gusakova S. D., Stepanenko G. A., Asilbekova D. T., Murdokhaev Yu M. (1983), Rastit Resur 19: 444–455; zit. nach CA 100: 3565.
[27] Szyja W., Wilkomirski B., Kasprzyk Z. (1983), Phytochemistry 22: 111–113.
[28] Kasprzyk Z., Chomczynski P., Fonberg M., Konarska M. (1967), FEBS Oslo, p. 25; zit nach [24] u. [159].
[29] Kasprzyk Z., Janiszowska W., Sobczyk E. (1973), Acta Biochim Polon 20: 231–235.
[30] Auguścińska E., Szakiel A., Wilkomirski B., Kasprzyk Z. (1985), Phytochemistry 24: 1713–1715.
[31] Szakiel A., Kasprzyk Z. (1989), Steroids 53: 501–511; zit nach CA 112: 52192.
[32] Kasprzyk Z., Wojciechowski Z., Czerniakowska K. (1968), Physiol Plant 21: 966–970.
[33] Janiszowska W., Kasprzyk Z. (1974), Acta Biochim Polon 21: 415–421; zit nach CA 82: 135803.

[34] Wasilewska A. (1970), M Sci Thesis, University of Warsaw; zit nach [53].
[35] Kasprzyk Z., Grzelczak Z., Pyrek J. (1965), Bull Acad Polon Sci Ser Sci Biol 13: 661; zit nach [59].
[36] Wojciechowski Z., Boheńska-Hryniewicz M., Kucharczak B., Kasprzyk Z. (1972), Phytochemistry 11: 1165–1168.
[37] Kasprzyk Z., Pyrek J., Sliwowski J. (1967), Bull Acad Polon Sci Ser Sci Biol 15: 723–726.
[38] Adler G., Kasprzyk Z. (1976), Phytochemistry 15: 205–207.
[39] Kasprzyk Z., Sliwowski J., Skwarko B. (1972), Phytochemistry 11: 1961–1965; zit nach CA 77: 45586.
[40] Kasprzyk Z., Fonberg-Broczek M. (1967), Physiol Plant 20: 321–329; zit nach CA 67: 8707.
[41] Wilkomirski B. (1987), Phytochemistry 26: 1635–1637.
[42] Kasprzyk Z., Pyrek J. (1968), Phytochemistry 7: 1631–1639.
[43] Wilkomirski B. (1985), Phytochemistry 24: 3066–3067.
[44] Wilkomirksi B. (1986), Phytochemistry 25: 2667–2668.
[45] Kasprzyk Z., Turowska G., Grygiel E., Kanabus M. (1970), Acta Biochim Polon 17: 253–258.
[46] Stevenson R. (1961), J Org Chem 26: 5228–5230.
[47] Kasprzyk Z., Turowska G., Baranowska E. (1969), Bull Acad Polon Sci Ser Sci Biol 17: 399–401.
[48] Zimmermann J. (1946), Helv Chim Acta 29: 1455–1456.
[49] Pyrek J. St. (1977), Roczniki Chem 51: 2493–2497.
[50] Pyrek J. St. (1977), Roczniki Chem 51: 2331–2342.
[51] Pyrek J. St. (1979), Pol J Chem 53: 2465–2490.
[52] Pyrek J. St., Baranowska E. (1977), Roczniki Chem 51: 1141–1145.
[53] Kasprzyk Z., Pyrek J., Jolad SD., Steelink C. (1970), Phytochemistry 9: 2065–2066.
[54] Sliwowski J., Dziewanowska K., Kasprzyk Z. (1973), Phytochemistry 12: 157–160.
[55] Kasprzyk Z., Wilkomirski B. (1973), Phytochemistry 12: 2299–2300.
[56] Pyrek J. St. (1979), Pol J Chem 53: 1071–1084.
[57] Kasprzyk Z., Kozierowska T. (1966), Bull Acad Polon Sci Ser Sci Biol 14: 671; zit nach [38].
[58] Kasprzyk Z., Auguścińska E. (1983), Wiss Z Ernst-Moritz-Arndt-Univ. Greifswald, Math.-Naturw. Reihe 32: 107–109; zit. nach [30].
[59] Kasprzyk Z., Pyrek J. (1967), Roczniki Chem 41: 201–208.
[60] Kasprzyk Z., Pyrek J., Turowska G. (1968), Acta Biochim Polon 15: 149–159.
[61] Wojciechowski Z. (1972), Acta Biochim Polon 19: 43–49; zit. nach CA 76: 136955.
[62] Wojciechowski Z., Zimowski J. (1975), Biochem Biophys Acta 393: 111–117; zit. nach CA 83: 93915.
[63] Sliwowski J. K., Caspi E. (1976), J Chem Soc Chem Commun p. 196–197; zit. nach CA 85: 17173.
[64] Kasprzyk Z., Turowska G. (1969), Bull Acad Polon Sci Ser Sci Chim 17: 397–398.
[65] Pyrek J. (1969), Chem Commun p. 107–108; zit. nach CA 70: 68620.
[66] Kasprzyk Z., Pyrek J. (1974), Phytochemistry 13: 1451–1457.
[67] Pyrek J. St., Schmidt-Szalowska A. (1977), Roczniki Chem 51: 951–958.
[68] Janiszowska W., Kasprzyk Z. (1977), Phytochemistry 16: 473–476.
[69] Janiszowska W., Sobocińska E., Kasprzyk Z. (1979), Phytochemistry 18: 427–430.
[70] Kasprzyk Z., Sliwowski J., Boleslowska-Kokosza D. (1970), Acta Biochim Polon 17: 11–18; zit. nach CA 73: 11411.

[71] Adler G., Kasprzyk Z. (1975), Phytochemistry 14: 627–631.
[72] Adler G., Kasprzyk Z. (1975), Phytochemistry 14: 723–726.
[73] Zechmeister L., von Cholnoky L. (1932), Hoppe-Seyler's Z physiol Chem 208: 26–32.
[74] Goodwin T. W. (1954), Biochem J 58: 90–94.
[75] Andreeva L. G. (1961), Aptechnoe Delo 10: 46–49; zit. nach CA 56: 1769.
[76] Avramova S., Potarska F., Apostolova B., Petkova S., Konteva M., Tsekova M., Kapitanova T., Maneva K. (1988), MBI Med Biol Inf, 28–33.
[77] Petkov V. V. (1988), Sovremennnaja Fitoterapija, Sofia.
[78] Quackenbush F. W., Miller S. L. (1972), J Ass Off Anal Chem 55: 617–621; zit. nach CA 77: 31565.
[79] Tóth G., Szabolcs J. (1981), Phytochemistry 20: 2411–2415.
[80] Sergeeva N. V., Zakharova N. L. (1977), Farmatsiya (Moscow) 26: 34–38.
[81] Davies BH. (1965), Analysis of Carotenoid Pigments. In: Goodwin TW., Chemistry and Biochemistry of Plant Pigments, Academic Press, London New York.
[82] Zechmeister L., Cholnoky L. (1932), Mat. Term.-tud. Értesitö 49: 181–189.
[83] Gracza L., Szasz K. (1968), Acta Pharm Hung 38: 118–125.
[84] Kuhn R., Grundmann C. (1934), Ber dtsch chem Ges 67: 339; zit. nach [74].
[85] Gedeon J., Mayer M. (1954), Pharmazie 9: 922–923.
[86] Ringer A. (1950), Pharmazie 5: 385; CA 45: 2623.
[87] Goodwin TW., Osman HG. (1953), Arch Biochem 47: 2145; zit. nach CA 48: 2145.
[88] Baraud J. (1956–1957), Proces verbaux Soc sci et nat Bordeaux, p. 56; zit. nach CA 56: 27558.
[89] Baraud J. (1958), Rev Gen Bot 65: 221–243; zit. nach CA 57: 1278.
[90] Gregory G. K., Chen T. S., Philip T. (1986), J Food Sci 51: 1093–1094.
[91] Shteinbok S. D. (1959), Sbornik p. 4238; zit. nach [83].
[92] Shteinbok S. (1965), Krasnodar 1: 142–144; zit. nach BA 47: 54480.
[93] Movchan SD. (1960), Zh Priklad Khim 33: 484; zit. nach CA 54: 12274.
[94] Pyrek J. St. (1984), J Nat Prod 47: 822–827.
[95] Tóth G., Haznagy A., Bula E. (1976), Pharmazie 31: 51–52.
[96] Holub M., Samek Z., Poplawski J. (1975), Phytochemistry 14: 1659.
[97] Ghosal S., Singh AK., Chaudhuri K. (1976), J Pharm Sci 65: 1549–1551.
[98] Willuhn G., Westhaus RG. (1987), Planta Med 53: 890–892.
[99] Okunade A. L., Wiemer D. F., J Nat Prod 48: 472; zit. nach [100].
[100] Hegnauer R. (1989), Chemotaxonomie der Pflanzen Bd. 8, Birkhäuser, Basel Boston Berlin, S. 287.
[101] Vidal-Ollivier E., Elias R., Faure F., Babadjamian A., Crespin F., Balansard G., Boudon G. (1989), Planta Med 55: 73–74.
[102] Friedrich H. (1962), Arch Pharm 295: 59–66.
[103] Westhaus R. G. (1990), Dissertation Heinrich-Heine-Universität Düsseldorf.
[104] Biriuk V. A., Chernobai VT. (1972), Farmacevtycnyj Zurnal (Kijew), 44–49.
[105] Peneva P., Ivancheva S., Vitkova A., Kozovska V. (1985), Rasteniev'D Nauki 22: 50–56; zit. nach BA 80: 98967.
[106] Ocioszyńska J., Nartowska J., Strzelecka H. (1977), Herba Polon 23: 121–199.
[107] Masterova I., Grancaiova Z., Uhrinova S., Suchy V., Ubik K., Nagy M. (1991), Chem Pap 45: 105–108; zit. nach CA 115: 46034.
[108] Pharmacopée Française, 10ème édition, juillet 1987.
[109] Hodisan V., Tamas M., Mester I. (1985), Clujul Med 58: 378–381; zit. nach CA 105: 11828.
[110] Komissarenko Z. P., Chernobai V. T., Derkach A. I. (1988), Khim Prir Soedin p. 795–801; zit. nach CA 111: 4243.
[111] Wagner H., Bladt S., Zgainski EM. (1984), Plant Drug Analysis, Springer Berlin Heidelberg New York.
[112] Kostennikova Z. P., Panova G. A., Dambrauskiene R. (1984), Farmatsiya (Moscow) 33: 33–35; zit. nach CA 102: 84472.
[113] Mrugasiewicz K., Lutomski J., Mścicz A. (1979), Herba Polon 25: 107–112.
[114] Komissarenko NF. (1968), Khim Prir Soedin p. 141.
[115] Derkach A. I., Komissarenko N. F., Chernobai V. T. (1986), Khim Prir Soedin p. 777.
[116] Kurowska A., Kalemba D., Góra J., Zadernowski R. (1985), Acta Polon Pharm 42: 473–477.
[117] Swiatek L., Góra J. (1978), Herba Polon 24: 187–192.
[118] Góra J., Kalemba D., Kurowska A., Swiatek L. (1980), Herba Hung 19: 165–171; zit. nach CA 93: 225568.
[119] Góra J., Swiatek L., Kalemba D., Kurowska A. (1979), Planta Med 36: 286.
[120] Dedio I. (1983), Herba Polon 29: 211–216.
[121] Janssen A. M. (1989), Dissertation Rijksuniversiteit te Leiden.
[122] Marczal G., Cserjesi Z., Héthelyi É., Petri G. (1987), Herba Hung 26: 179–189.
[123] Gildemeister E., Hoffmann Fr., Treibs W. (1961), Die Ätherischen Öle, Bd. 7, 4. Aufl., Akademie-Verlag, Berlin.
[124] Igolen G. (1936), Parfums de France 14: 272; zit. nach CA 31: 1956.
[125] Auster F., Schäfer J. (1958), Arzneipflanzen, VEB Georg Thieme, Leipzig.
[126] Vollmann H. (1967), Dissertation Saarbrücken, Universität des Saarlandes.
[127] Biryuk V. A., Chernobai V. T. (1975), Farm Zh (Kiev) p. 72–75.
[128] Chalcat J. C., Garry R. Ph., Michet A. (1985), Planta Med 51: 286.
[129] Gracza L. (1987), Planta Med 53: 227.
[130] Gedeon J. (1951), Pharmazie 6: 547.
[131] Suchý M., Herout V. (1961), Coll Czech Chem Commun 26: 890–892.
[132] Hegnauer R. (1964), Chemotaxonomoie der Pflanzen, Bd. 3, Birkhäuser, Basel, Stuttgart.
[133] List Ph. H., Hörhammer L. (1972), in Hagers Handbuch der Pharmazeutischen Praxis, Bd. III, Springer, Heidelberg.
[134] Seaman F. C. (1982), Bot Rev 48: 121–595; zit nach (103).
[135] Valadon L. R. G. (1977), Arctoteae and Calenduleae-chemical review. In: Heywood V. H., Harborne J. B., Turner B. L., (eds.), The biology and chemistry of the Compositae, Bd. 2, Academic Press, New York, p. 989–998; zit nach (103).
[136] Chushenko V. N., Zhukov G. A., Karamova O. V., Obolentseva G. V., Dzyuba N. P. (1988), Khim Prir Soedin, p. 585–586; zit nach CA 109: 226748.
[137] Wagner H., Proksch A., Riess-Maurer I., Vollmar

A., Odenthal S., Stuppner H., Jurcic K., Le Turdu M., Heur YH (1984), Arzneim Forsch 34: 659–661.

[138] Wagner H., Proksch A., Riess-Maurer I., Vollmar A., Odenthal S., Stuppner H., Jurcic K., Le Turdu M., Fang J. V. (1985), Arzneim Forsch 35: 1069–1075.

[139] Varljen J., Lipták A., Wagner H., (1989), Phytochemistry 28: 2379–2383.

[140] Movchan S. D. (1960), Zh Priklad Khim 33: 484–486.

[141] Komae H., Hayashi N. (1971), Phytochemistry 10: 1944.

[142] Strasburger E., Noll F., Schenck H., Schimper A. F. W. (1991), Lehrbuch der Botanik, 33. Aufl., neubearbeitet von Sitte P., Ziegler H., Ehrendorfer F., Bresinsky A., Gustav Fischer, Suttgart Jena New York.

[143] Biegańska J. (1988), Herba Pol 34: 199–203.

[144] Janiszowska W., Michalski W., Kasprzyk Z. (1976), Phytochemistry 15: 125–127,

[145] Janiszowska W., Klimaszewska E., 12th FEBS Meeting, Dresden 1978, Abstract 0335.

[146] Janiszowska W., Mirkiewicz E., Kasprzyk Z. (1978), Bull Acad Pol Sci Ser Biol 26: 355–358.

[147] Janiszowska W., Korczak G. (1980), Phytochemistry 19: 1391–1392.

[148] Janiszowska W., Jasińska R. (1982), Acta Biochim Polon 29: 37–44.

[149] Janiszowska W., Rygier J. (1985), Physiol Plant 63: 425–430.

[150] Janiszowska W. (1987), Phytochemistry 26: 1403–1407.

[151] Khanna P., Goswami A., Rathore A. K., Sogani M., Singhvi S., Gupta U. (1979), Pyrethrum Post 15: 9–10; zit nach CA 95: 37073.

[152] Gunther (1954), Pharmazie 7: 42; zit nach Benigni R., Capra C., Cattorini P. E. (1962), Piante medicinali I, Inverni & Della Beffa, Milano.

[153] Kroeber L. (1948), Das neuzeitliche Kräuterbuch, Bd. 1, Hippokrates, Marquardt & Cie., Stuttgart, S. 303.

[154] Proserpio G. (1974), Riv Ital EPPOS 56: 39–54.

[155] Kuhn A., Schäfer G. (1935), Pharmaz Ztg 80: 1029; zit nach (125).

[156] Schindler H. (1955), Inhaltsstoffe und Prüfungsmethoden homöopathisch verwendeter Heilpflanzen, Editio Cantor, Aulendorf i. Württ., S. 45.

[157] Petrovski A. (1946), Farmakol i Toksikol 9: 34–37; zit nach CA 41: 6933.

[158] Grinkevich N. I., Ignateva N. S., Safronish L. N. (1963), Aptechnoe Delo 12: 38–40; zit nach CA 61: 11001.

[159] Wojciechowski Z., Jelonkiewiecz-Konador A., Tomaszewski M., Jankowski J., Kasprzyk Z. (1971), Phytochemistry 10: 1121–1124.

[160] Vecherko L. P., Zinkevich E. P., Libizov N. I., Ban'kovskii A. I. (1969), Khim Prir Soedin 5: 58–59.

[161] Vecherko L. P., Zinkevich E. P., Libizov N. I., Ban'kovskii A. I. (1971), Khim Prir Soedin 7: 22–27; zit nach CA 74: 112385.

[162] Vecherko L. P., Kabanov V. S., Zinkevich E. P. (1971), Khim Prir Soedin 7: 533; zit nach CA 75: 152042.

[163] Vecherko L. P., Sviridov A. F., Zinkevich E. P., Kogan L. M. (1975), Khim Prir Soedin 11: 366–373; zit. nach CA 84: 74566.

[164] Vecherko L. P., Zinkevich E. P. (1973), Khim Prir Soedin 9: 560–561; zit. nach CA 82: 54182.

[165] Vecherko L. P., Sviridov A. F., Zinkevich E. P., Kogan L. M. (1974), Khim Prir Soedin 10: 532–534; zit. nach CA 82: 54182.

[166] Vecherko L. P., Zinkevich E. P., Kogan L. M. (1973), Khim Prir Soedin 9: 561–562; zit. nach CA 80: 15150.

[167] Vecherko L. P., Zinkevich E. P., Libizov N. I., Yatsuno A. I. (1970) Search for New Biologically Preparations, Moscow, p. 169–171.

[168] Schulte K. E. (1962), Congr Sci Farm Conf Comun 21° Pisa 1961, p. 798808; zit. nach CA 59: 1437.

[169] Willuhn G. (1989), in Wichtl M. (Hrsg.), Teedrogen, Wiss. Verlagsgesellschaft mbH. Stuttgart.

[170] McLean J., Clark A. H. (1956), J Chem Soc p. 777–778.

[171] Saleem M., Zaka Sh., Shakir N., Khan S. A. (1986), Fette Seifen Anstrichmittel 88: 178–180.

[172] Meier zu Beerentrup H., Röbbelen G. (1987), Fett Wissenschaft Technologie 89: 227–230.

[173] Tulloch A. P. (1982), Lipids 17: 544–550.

[174] Takagi T., Itabashi Y. (1981), Lipids 16: 546–551.

[175] Nugteren D. H., Christ-Hazelhof (1987), Prostaglandins 33: 403–417.

[176] Earle F. R., Mikolajczak K. L., Wolff I. A., Barclay A. S. (1964), J Amer Oil Chem Soc 41: 345.

[177] Chisholm M., Hopkins C. (1967), Can J Biochem 45: 251–254; zit. nach CA 66: 62619.

[178] Hoffmann J. S., O'Connor R. T., Heinzelman D. C., Bickford W. G. (1957), J Amer Oil Chem Soc 34: 338.

[179] Chisholm M. J., Hopkins C. Y. (1960), Can J Chem 38: 2500–2507; zit. nach CA 55: 8895.

[180] Badami R. C., Morris L. J. (1965), J Amer Oil Chem Soc 42: 1119.

[181] Crombie L., Holloway S. J. (1985), J Chem Soc Perkin Trans I p. 2425.

[182] Theobald D., Röbbelen G. (1989), Angew Botanik 63: 313–322.

[183] Baszynski T. (1955), Biol Abstr. 29: 1585; zit nach CA 51: 12430.

3 Pharmakologie und Toxikologie

Calendulaextrakte sind antimikrobiell wirksam. Sie hemmen das Wachstum von Bakterien, Pilzen und Viren. Ein Teil dieser Aktivität ist auf Bestandteile des ätherischen Öls zurückzuführen. Das antiinflammatorisch aktive Prinzip der Ringelblume läßt sich mit lipophilen Lösungsmitteln extrahieren. Es besteht hauptsächlich aus Triterpenalkoholen, vor allem aus den Faradiol-3-monoestern. Auch das Calendula-Samenöl ist antiphlogistisch wirksam. An der wundheilenden Wirkung dürften neben den Triterpendiolen auch die Carotinoide beteiligt sein. Eine beachtliche immunstimulierende Wirkung zeigen in vitro die Polysaccharid-Fraktionen. Calendulaextrakte sind im Tierversuch gegen mehrere Typen von Krebszellen wirksam. Nachweisbar sind ferner ulkusprotektive und vasoprotektive Effekte.

Calendulaextrakte sind weitgehend untoxisch und frei von Nebenwirkungen. Wahrscheinlich bedingt durch das Fehlen von Sesquiterpenlactonen besteht praktisch auch kein Risiko von allergischen Reaktionen.

3.1 Pharmakologische Wirkungen

3.1.1 Antimikrobielle Wirkung

Die Ringelblume ist antimikrobiell wirksam. Bereits 1921 konnten Hinsdale und Lord [1, 2] zeigen, daß wässrige Calendula-Auszüge in vitro und in vivo antiseptische und bakterizide Eigenschaften entfalten. Auch mit Isopropylmyristat oder Propylenglykol hergestellte Calendulaextrakte sind antimikrobiell aktiv [3].

Die Aktivität richtet sich gegen verschiedene Mikroorganismen, besonders gegen grampositive Bakterien wie Staphylococcus aureus und Streptococcus betahaemolyticus [4, 5]. Am höchsten ist die antibakterielle Wirkung der Ringelblume zur Zeit der Blüte [4].

Die antibakteriell wirksamen Substanzen sind in Ethanol löslich, aber wasserunlöslich [6]. Ein mit Ethanol (80 Vol%) hergestellter Blütenextrakt erwies sich als antibakteriell wirksam gegen Staphylococcus aureus und Streptococcus faecalis; ein wäßriger und ein mit verdünntem Alkohol (45 Vol%) hergestellter Extrakt wirkten dagegen nicht

Tab. 12: Wirkung eines wässrigen Calendulaextraktes (DEV = 1:10) auf Pilze sowie grampositive und gramnegative Bakterien (nach [8])

Stamm	Minimale Hemmkonzentration (MIC) (% V/V)
Candida albicans	5%
Staphylococcus aureus ATCC 25 923	10%
Pseudomonas aeruginosa ATCC 27 853	5%
Serratia mercescens AM 28	10%
Klebsiella pneumoniae AM 28	10%
Proteus vulgaris OX 19	5%
Escherichia coli AM 3437	5%
Streptococcus faecalis PZH 1138	10%
Streptococcus faecalis PZH 138	5%
Bacillus cereus	5%

[7]. Bei einer anderen Untersuchung hemmte dagegen ein wäßriger Extrakt, Droge : Extrakt-Verhältnis (DEV) = 1:10, alle untersuchten Bakterien und Pilze [8, Tab. 12].

Fungistatisch wirksam ist ein mit 10%igem Methanol hergestellter Blütenauszug auch gegen Piricularia oryzae und Trichothecium roseum; eine partielle Hemmwirkung ist bei Claviceps purpurea gegeben. Die Wirkung wird durch Cholesterin beeinträchtigt. Das Wachstum von Polyporus versicolor wird nicht gehemmt. Die fungistatische Wirksamkeit ist möglicherweise auf die Anwesenheit der Triterpensaponine zurückzuführen [9]. Wahrscheinlich üben alle Saponine eine gewisse Hemmwirkung gegen Pilze aus [10].

Der alkoholische Ringelblumenauszug zeigt in vitro eine bemerkenswerte viruzide Aktivität gegen das Grippevirus A (Stamm PR-8) und den Typ A2 (Stamm Frunze). Der Auszug hemmt ferner das Wachstum von Herpes-simplex-Viren, die auf einer übertragenen Linie von Hep-2-Zellen kultiviert werden. Der Extrakt ist jedoch nicht in der Lage, das APR-8-Grippevirus im Hüh-

nerembryo-Test zu neutralisieren. Auch ist er nicht chemotherapeutisch aktiv bei der durch das A2-Frunze-Grippe-Virus induzierten Pneumonie von Mäusen [11].

Ringelblumen-Blütenextrakte besitzen auch eine gute trichomonazide Wirkung [12]. Von 34 getesteten Pflanzen zeigt Calendula die am schnellsten einsetzende Hemmwirkung [12, 13]. Die trichomonazide Aktivität des ätherischen Öls soll 10mal höher als die des Extraktes sein [14, 15]. Um den Wachstumskoeffizienten (Cr_{50}) von Trichomonas vaginalis in vitro auf 50% zu senken, ist eine Konzentration von 0,88% Calendulaextrakt (50% Ethanol) erforderlich; für eine Reduzierung der T.vaginalis-Population um 50% ($C_{Nmax\ 50}$) genügen 0,59 Vol%. Die letale Konzentration des Extraktes für 50% der T. vaginalis-Population (CL_{50}) beträgt 5,49 Vol% [16].

Das antimikrobielle Prinzip der Ringelblume ist noch nicht geklärt. Zwei nicht näher bezeichnete Flavonoide sollen gegen Staphylococcus aureus, Klebsiella pneumoniae, Escherichia coli, Candida monosa und Sarcina lutea wirksam sein; zwei ebenfalls nicht näher charakterisierte Saponine zeigten dagegen in der gleichen Studie keinerlei antimikrobielle Aktivität [17]. Dieser Befund steht im Gegensatz zu anderen Untersuchungen, in denen eine fungistatische Aktivität der Saponine nachgewiesen werden konnte [9, 10]. Von 105 Lactonpräparaten aus 7 Familien waren die aus Apiaceen und Asteraceen besonders aktiv. Ein nicht näher charakterisiertes „Lactonpräparat" aus Calendula officinalis war gegen Mycobacterium tuberculosis wirksam; ein Effekt fehlte dagegen bei Staphylococcus aureus, Escherichia coli, Proteus vulgaris, Pseudomonas aeruginosa, Microsporum lanosum und Candida albicans [18].

Auf die Anwesenheit von Terpenalkoholen und Terpenlactonen wird auch eine Aktivität der Ringelblume gegen Protozoen zurückgeführt [13, 14]. Die protozoozide (protistozide) Wirksamkeit dieser Bestandteile des ätherischen Öls ist noch in einer Verdünnung von 1:50 000 nachweisbar [12, 19]. Für das ätherische Calendulaöl konnte auch ein bakteriostatischer Effekt, besonders auf das Wachstum einiger Sarcina-Stämme nachgewiesen werden [20]; auch der alkoholische Extrakt soll gegen Sarcina lutea wirksam sein [21].

Dank der unlängst veröffentlichten eingehenden Untersuchungen von Janssen [22] verfügen wir heute nicht nur über eine recht genaue Kenntnis von der Zusammensetzung des ätherischen Calendulaöls (vgl. 2.1.7), sondern wissen auch mehr über die antibiotische Aktivität des frischen Blütenöls. Die antimikrobielle Wirkung des ätherischen Calendulaöls dürfte zwar nicht entscheidend für den heilenden Effekt der Ringelblume bei der Wundbehandlung sein [23], doch trägt die Kenntnis

seiner Aktivität gegen verschiedene Mikroorganismen zum Gesamtbild der Heilkraft der Ringelblume nicht unwesentlich bei.

Wie aus Tab. 13 hervorgeht, werden Pilze und grampositive Bakterien durch das ätherische Öl aus frischen Calendula-Blüten im Agar-Diffusions-Test gehemmt.

Mehr Informationen über die bakteriostatische und fungistatische Aktivität

Tab. 13: Aktivität des ätherischen Calendulaöls im Agar-Diffusions-(Blättchen-)Test. (nach [22])

Stamm	D
Escherichia coli	–
Pseudomonas aeruginosa	–
Bacillus subtilis	8,7
Candida albicans	–
Trichophyton mentagrophytes var.interdigitale	12,0
Trichophyton rubrum	17,5
Trichophyton concentricum	8,0
Epidermophyton floccosum	16,7
Rhizopus stolonifer	6,7
Aspergillus niger	8,0
Penicillium expansum	7,7

D = Hemmhof-Durchmesser in mm, einschl. Blättchendurchmesser = 6 mm; – = keine Hemmung

Tab. 14: MID (maximum inhibitory dilution)-Werte des ätherischen Calendulaöls im Agar-Verdünnungstest (nach [22])

Stamm	MID-Wert
Escherichia coli	1:800
Pseudomonas aeruginosa	1:800
Bacillus subtilis	1:1600
Staphylococcus aureus	1:400
Candida albicans	1:1600

Tab. 15: Anzahl Tage bis zum Wachstum von Dermatophyten nach Zusatz einer Verdünnung des ätherischen Calendulaöls (festes Sabourod-Medium) (nach [22])

| Verdünnung | Dermatophyten | | | |
	T.m.	T.r.	T.c.	E.f.
1:800	19	19	19	19
1:1600	19	19	19	19
1:3200	13	19	19	19
1:6400	10	19	19	19
1:12800	9	8	8	8

T.m. = Trichophyton mentagrophytes var.interdigitale
T.r. = Trichophyton rubrum
T.c. = Trichophyton concentricum
E.f. = Epidermophyton floccosum

des Calendula-Blütenöls lassen sich aus dem Agar-Verdünnungstest gewinnen (Tab. 14 und 15). Am empfindlichsten reagieren Dermatophyten. Gegen B. subtilis und C. albicans ist das Öl mäßig aktiv und gegen E. coli, P. aeruginosa und St. aureus inaktiv.

Um einen Eindruck vom fungiziden Effekt der Ölverdünnungen zu bekommen, ist die Überlebensdauer der Dermatophyten in flüssigem Sabourod-Medium getestet worden (Tab. 16). Der Beginn der fungiziden Aktivität erfolgt bei T. mentagrophytes und T. rubrum

Tab. 16: Überlebensdauer von Dermatophyten in Verdünnungen von ätherischem Calendulaöl in flüssigem Sabourod-Medium (nach [22])

| Pilz[*] | Tage | Verdünnung[**] | | | | |
		A	B	C	D	E
T.m.	1	–	+	+	+	+
	4	–	+	+	+	+
	11	–	–	–	+	+
T.r.	1	–	–	–	+	+
	4	–	–	–	–	+
	8	–	–	–	–	–
E.f.	1	–	–	–	–	–
	4	–	–	–	–	–
	11	–	–	–	+	+

* T.m. = Trichophyton mentagrophytes var.interdigitale
   T.r. = Trichophyton rubrum
   E.f. = Epidermophyton floccosum
** A = 1:800; B = 1600; C = 1:3200; D = 1:6400; E = 1:12800 (alle Lösungen V/V)
+ = Wachstum;   – = kein Wachstum

schnell bei niedrigen und langsam bei hohen Verdünnungen. Bei E. floccosum ist zunächst selbst bei den höchsten Verdünnungen kein Wachstum zu erkennen.

Die antimikrobiell wirksamen Fraktionen enthalten α-Cadinol und T-Cadinol sowie wahrscheinlich T-Muurolol und Torreyol. Die fungizide Aktivität dieser Verbindungen ist bereits an anderer Stelle beschrieben worden [22, 24].

3.1.2 Antiphlogistische Wirkung

Ethanolische Extraktivstoffe hemmen das Carrageeninödem der Rattenpfote [25, 26]. Die Ödemhemmung beträgt bei einer Dosierung von 100 mg/kg p. o. 11% [26] und bei der Applikation von 1 mg/kg p. o. der wäßrigen Phase des ethanolischen Extraktes 44% [25]. Ein

aus Calendula-Tinktur gewonnener sprühgetrockneter Extrakt vermindert nach i. p. Applikation von 0,45 mg/kg die hyperämisierende Wirkung von Thurfylnicotinat in ähnlicher Weise wie 5 mg/kg Phenylbutazon [25]. Gefriergetrocknete (lyophilisierte) Extrakte vermögen bei der Ratte nach gleichzeitiger Injektion von Carrageenin und Prostaglandin E_1 sowohl den inflammatorischen Effekt als auch die Leukozyteninfiltration zu unterdrücken [27].

Nach Versuchen mit dem Crotonöltest am Mäuseohr ist das antiinflammatorisch aktive Prinzip der Ringelblumenblüten lipophiler Natur und läßt sich mit überkritischem Kohlendioxid erschöpfend extrahieren [28, vgl. 5.1.6.2]. Wie aus Tab. 17 hervorgeht, zeigt der hydroalkoholische Extrakt einen milden, aber eindeutig dosisabhängigen Effekt und erreicht bei einer Dosierung von 1200 µg/Ohr eine Hemm-

Tab. 17: Antiinflammatorische Wirkung von Calendula-Blütenextrakt bei topischer Applikation (nach [28])

Substanz	Dosis µ/Ohr[**]	Anzahl der Tiere	Ödem (mg)[***]	Ödemhemmung
Kontrolle	–	25	$7,5 \pm 0,3$	–
Hydroalkohol. Extrakt	300 (1,04)	26	$6,8 \pm 0,4$	9,3%
	600 (2,08)	24	$6,6 \pm 0,4^*$	12,0%
	1200 (4,16)	26	$6,0 \pm 0,3^*$	20,0%
CO_2-Extrakt	75 (1,79)	27	$6,4 \pm 0,3^*$	14,6%
CO_2-Extrakt	150 (3,58)	27	$5,2 \pm 0,4^*$	30,6%
CO_2-Extrakt	300 (7,16)	24	$4,2 \pm 0,3^*$	44,0%
CO_2-Extrakt	600 (14,3)	25	$3,1 \pm 0,3^*$	58,7%
CO_2-Extrakt	1200 (28,6)	13	$2,2 \pm 0,4^*$	70,7%
Indometacin	30	25	$4,7 \pm 0,5^*$	37,3%
	120	24	$2,0 \pm 0,2^*$	73,3%

* Signifikant von der Kontrolle verschieden (ANOVA: $p < 0,05$)
** In Klammern das korrespondierende Gewicht der Droge in mg
*** Mittleres Gewicht $\pm$ Standardabweichung

wirkung von 20%. Der CO_2-Extrakt ist im Vergleich dazu wesentlich stärker wirksam. Noch mit einer Dosis von 75 µg/Ohr wird eine statistisch signifikante Ödemhemmung erzielt. Ansteigende Dosierungen bewirken eine proportional ansteigende Hemmung bis zu 70,7% bei 1200 µg/Ohr. Reines Indometacin, eine der stärksten nichtsteroidalen antiinflammatorischen Substanzen, wirkt nur 10mal stärker als der CO_2-Extrakt. 1,2 mg des hydroalkoholischen Extraktes entsprechend 4 mg Droge ergeben die gleiche Ödemhemmung von 20%, die bereits von 0,1 mg CO_2-Extrakt entsprechend 2,4 mg Droge erreicht wird. Wie neuere Untersuchungen ergeben haben, ist die antiinflammatorische Wirkung des CO_2-Extraktes hauptsächlich auf die Triterpendiolester, in erster Linie auf die Faradiol-3-monoester, zurückzuführen (vgl. 2.1.2). Der CO_2-Extrakt enthält 18,6% Triterpendiolester, die 50% der antiinflammatorischen Aktivität des Extraktes bestreiten. Aus heutiger Sicht ist der Faradiolgehalt deshalb der ausschlaggebende Parameter für die Standardisierung von Calendula-Zubereitungen [29, vgl. 5.5.4.1]. Der hydroalkoholische Calendula-Wur-

zelextrakt wirkt bei peroraler Gabe am Mäuseohrödem ebenfalls antiinflammatorisch. 6 Stunden nach Applikation von 0,45 mg/Tier wird eine maximale Ödemhemmung von 70% erzielt, vergleichbar mit der Wirkung des Hydrocortisons. Die Ödemhemmung von Benzydamin in gleicher Dosierung beträgt 35%. 18 Stunden nach der Applikation ist die Aktivität des Extraktes zwar geringer, aber immer noch statistisch signifikant und stärker als die des Benzydamins [30].

In jüngster Zeit ist auch die antiinflammatorische Wirkung des Calendula-Samenöls im Vergleich zu der des Olivenöls untersucht worden (Tab. 18). Das Samenöl der Ringelblume ist sehr reich an ω-6-Fettsäuren (vgl. 2.3.1). Beim Crotonöltest am Mäuseohr zeigen sowohl Calendulaöl als auch das zu Vergleichszwecken mitgetestete Olivenöl einen dosisabhängigen antiödematösen Effekt, doch ist Calendulaöl wirksamer als Olivenöl (ID_{50} = 645 bzw. 1320 µg/Ohr).

Der Effekt wird bestätigt, wenn 2 Wochen lang mit Calendulaöl (2 g/kg/die) gefütterte Ratten dem Carrageenintest unterzogen werden. Die Ödem-

Tab. 18: Antiinflammatorische Wirkung von Calendula-Samenöl (nach [31])

Substanz	Dosis µ/Ohr	Anzahl der Tiere	Ödem (mg)**	Ödemhemmung
Kontrolle	–	38	$8,0 \pm 0,2$	–
Olivenöl	450	14	$6,0 \pm 0,5^*$	25,0%
Olivenöl	1500	27	$4,4 \pm 0,4^*$	45,0%
Olivenöl	3000	13	$1,9 \pm 0,4^*$	76,3%
Calendulaöl	450	13	$4,4 \pm 0,6^*$	45,0%
Calendulaöl	1500	27	$3,2 \pm 0,3^*$	60,0%
Calendulaöl	3000	14	$1,5 \pm 0,5^*$	81,3%

* Varianzanalyse: $p < 0,001$
** Mittleres Gewicht $\pm$ Standardabweichung

bildung wird bei den vorbehandelten Tieren signifikant um 38% reduziert [13].

Anzumerken ist noch, daß auch den Calendula-Polysacchariden eine starke antiphlogistische Wirkung, gemessen am Rattenpfotenödem und an der Adjuvansarthritis der Ratte, nachgesagt wird [32, 33]. Experimentelle Daten sind bisher jedoch nicht bekannt geworden.

Eine bemerkenswerte antiinflammatorische Wirkung soll auch Calendulosid B, ein Saponosid aus den Wurzeln von C. officinalis (vgl. 2.2.1), an der Aerosil-Arthritis der Ratte entfalten. Bei einer Dosierung von 25 mg/kg p. o. hat das Pfotenödem bei der experimentellen Gruppe ein Volumen von 1,35±0,05 ml gegenüber 1,70±0,07 ml (p<0,01) bei der Kontrollgruppe. Bei der Kaolin-Arthritis ist eine deutliche Wirkung bei einer Dosierung von 100 mg/kg zu erkennen. Das Volumen des Pfotenödems beträgt bei der experimentellen Gruppe 1,16±0,04 ml gegenüber 1,31+0,06 (p<0,05) bei der Kontrollgruppe [34].

Für die antiinflammatorische Wirksamkeit der Ringelblumensalbe spielt offenbar auch die Salbengrundlage eine Rolle. Bei einer Studie an Hautirritationen, die 1987 mit Dr. Theiss-Ringelblumensalbe an gesunden Probanden durchgeführt wurde, war an der Unterarm-Innenseite eine signifikante Reduktion der durch Ammoniak ausgelösten Hauttemperaturerhöhung zu beobachten. Interessanterweise zeigt Blütenextrakt allein nur eine vergleichsweise geringe Wirkung, weil ihm anscheinend die Fähigkeit fehlt, in tiefere Hautschichten zu penetrieren. Auch die Salbengrundlage (Schmalz) allein ist wirkungslos [35].

3.1.3 Wundheilende Wirkung

Calendula-Zubereitungen werden bevorzugt zur Behandlung von Wunden, auch mit schlechter Heilungstendenz, verwendet [36]. In Versuchen an Wistar-Albino-Ratten stimuliert eine mit den ethanolischen und den wäßrigen Extraktivstoffen im Verhältnis 1:1 hergestellte Salbe die physiologische Regeneration und Epithelisierung von experimentell induzierten Wunden. Es kommt zu einer Steigerung der Phagozytoseaktivität und zu einer Differenzierung der Makrophagen, wahrscheinlich infolge eines intensiveren Metabolismus der Glycoproteine, Nucleoproteine und Collagenproteine während der Regenerationsphase [37, 38].

Die Steigerung der Phagozytoseaktivität des retikuloendothelialen Systems (RES) ist häufig mit lipophilen Bestandteilen des unverseifbaren Extraktanteils assoziiert und besonders bei wundheilenden Drogen anzutreffen. So zeigt auch die unverseifbare Fraktion des alkoholischen Calendula-Gesamtextraktes eine Schutzwirkung von etwa 50% bei Mäusen, die 24 Std. nach i. p. Applikation des Extraktes mit der letalen Dosis einer Escherichia-coli-Suspension infiziert wurden [39].

Calendula verstärkt angeblich auch die Fibrinbildung, was sich in einem raschen Wundverschluß und einer guten Granulatbildung bemerkbar macht [40]. Calendula-Zubereitungen sollen ferner das zelluläre Hydratationsgleichgewicht der Haut verbessern [41], Granulation und Epithelisierung steigern, die Zellneubildung anregen sowie Blutzirkulation und Hauttonus verbessern [42].

Über die für die Wundheilung durch Ringelblumen-Zubereitungen verantwortlichen Wirkstoffe gehen die Meinungen auseinander. Analogiegründe sprechen dafür, das granulationsfördernde Prinzip in den Carotinoiden zu suchen, die chemisch dem Vitamin A nahestehen. Von diesem und anderen Stoffen mit mehreren Doppelbindungen ist bekannt, daß ihnen granulationsfördernde Eigenschaften zukommen [43] und sie besondere Effekte auf die Regenerationsfähigkeit und die Epithelisierung der Haut ausüben. Andererseits ist es aber bisher nicht gelungen, den Einfluß von Carotinoidfraktionen aus C. officinalis auf die für den Wundheilungsprozeß wichtigen Fibroblastenfunktionen Proliferation, Chemotaxis und Kontraktion des Collagens, experimentell nachzuweisen [44].

Die wundheilenden und entzündungshemmenden Eigenschaften der Ringelblume werden auch auf den gleichzeitig hohen Gehalt an Mangan und Carotin zurückgeführt [45]. Nach anderer Meinung ist die Wirksamkeit mehr dem in der Droge enthaltenen ätherischen Öl neben den Xanthophyllen [46] bzw. den Flavonglykosiden [47] zuzuschreiben. Nicht zuletzt werden für die Wirkung die reichlich vorhandenen Oleanolsäureglykoside verantwortlich gemacht [48].

3.1.4 Immunmodulatorische Wirkung

Durch Applikation von Calendulaextrakten wird die Phagozytoseaktivität der Granulozyten bei Mäusen [37] und Ratten [36] gesteigert. Immunstimulierende Eigenschaften soll das Calendulosid B besitzen [34]. Andere Autoren bestreiten dagegen eine Immunstimulation durch die Saponoside [49, 50]. Immunstimulierend wirken aber die Polysaccharid-Fraktionen der Ringelblume im Granulozyten- und Carbon-Clearance-Test in einer Dosierung von 10 mg/kg

Maus i. p. [32, 33, 51]. Die Polysaccharide PS-I, PS-II und PS-III (vgl. 2.1.9) zeigen eine immunstimulierende Aktivität in verschiedenen immunologischen In-vitro-Testsystemen. Im In-vitro-Granulozytentest steigert PS-I die Phagozytose bei einer Konzentration von 10^{-5} bis 10^{-6} mg/ml um 40 bis 57%. PS-II steigert die Phagozytose bei der gleichen Konzentration um 20 bis 30%, während PS-III die Phagozytose um 45 bis 100% steigert. PS-III ist damit eine der stärksten in diesem System getesteten Verbindungen [52].

3.1.5 Antitumorale Wirkung

Die Ringelblume hat im Mittelalter eine besondere Rolle in der Krebstherapie gespielt. Sie wurde deshalb auch als Herba Cancri bezeichnet. Bis zur Mitte des 19. Jahrhunderts stieg sie zu einem bekannten Modemittel auf [53]. So beschreibt das französische Arzneibuch von 1840 fünf Präparate aus Calendulakraut, -blättern und -samen zur Behandlung verschiedener Krebskrankheiten [54]. Inzwischen ist diese Behandlungsart fast vollständig in Vergessenheit geraten. Lediglich in der Volksmedizin einiger Länder hat sich eine sporadische Erinnerung daran gehalten [55, 56, vgl. 4.2.2.5].

In neueren pharmakologischen Versuchen hat sich bestätigt, daß Calendulaextrakt gegen mehrere Typen von Krebszellen wirksam ist [21, 57]. Die „Lactone" des ätherischen Öls verhalten sich angeblich zytotoxisch gegenüber Leukozyten [58]. Ein wäßriger Extrakt hemmt bei Mäusen nach i. v.- und i. p.-Applikation das experimentelle Crocker-Sarkom 180. Der Index der antitumorigenen Aktivität beträgt 25,8% [59]. In vitro zeigen Calendulaextrakte eine zytotoxische Aktivität gegen diploide MRC-5-Zellen, Hep-2-Zellen und Ehrlich-Aszites-Tumorzellen. In vivo ist eine antitumorale Aktivität gegen den Ehrlichschen Mäuse-Aszites-Tumor bei einer täglichen Gabe von 25 mg/kg^{-1} nachweisbar. Zytotoxische und antitumorale Aktivität gehen jedoch nicht parallel. In vivo ist eine Fraktion am wirksamsten, die fast ausschließlich aus Triterpensaponinen besteht [54].

3.1.6 Wirkungen auf Herz/ Kreislauf und ZNS

Alkoholische und wäßrige Calendulaextrakte bewirken beim Hund einen kurzzeitigen Abfall des arteriellen Blutdrucks. Die Bewegungen des Herzvorhofs werden stark vermindert. Es kommt zu einer leichten Bradykardie und zu einer erhöhten peripheren Aktivität. Nach Durchtrennung des Nervus vagus werden die Reaktionen unterdrückt oder stark verlangsamt. Die Extrakte beeinflussen die Peripherie und das ZNS durch Reizung des Vagusnervs im Sinne einer Verminderung der Herztätigkeit, wirken also parasympathomimetisch. Versuche am isolierten Kaninchendarm bestätigen die parasympathomimetische Wirkung: Steigerung des Tonus, manchmal verbunden mit einer Erhöhung der Kontraktionsamplitude [60, 61].

Für hydroalkoholische Blütenextrakte (DEV = 1:1 und 0,5:1 mit 30%igem Ethanol) wird bei Ratten, Meerschweinchen und Katzen ein inhibierender Effekt auf das ZNS mit deutlicher sedativer Aktivität sowie ein hypotensiver Effekt infolge myotroper Aktivität beschrieben [62].

Die spontane Beweglichkeit von Ratten wird nach Applikation von 10 mg/kg bzw. 50 mg/kg Saponosid A um 53% bzw. 41% vermindert, bei Applikation von 10 mg/kg bzw. 50 mg/kg Saponosid C um 80 bzw. 79%. Der Hexobarbitalschlaf wird durch Saponosid A um 95% und durch Saponosid C um 49% verlängert [63, 64].

Beim Frosch führen 1 bis 3 ml eines wäßrigen Extraktes (DEV = 1:10) zu Herabsetzung der Motilität, Ausfall des Umdrehreflexes und Verlangsamung des Herzrhythmus. Tödlich sind 5 ml (Lähmung des ZNS). Bei der Maus verringern 0,5 ml/kg die Motilität; 1 ml/ kg führen zu Seitenlage. Bei der Katze kommt es nach Gabe mit Magensonde nach 20 bis 30 min zu einer Hemmung des ZNS und nach 1,5 Std. zu Schlaf; 2 bis 3 ml/kg führen zu 5 bis 6 Std. dauernder Hemmung. Phenamin (0,7 mg/ kg) schwächt die Calendula-Wirkung stark ab. Die Reflexätigkeit des Frosches (Reizung mit 0,3%iger Schwefelsäure; Latenzperiode 3 bis 4 s) wird durch Calendula deutlich herabgesetzt (Verlängerung der Latenzzeit). 3 ml wirken 2,5 bis 3 Std. lang.

Am Herzen kommt es zu einer deutlichen Rhythmus-Verlangsamung: beim Frosch nach 1 bis 2 ml/kg um 25 bis 30%, bei der Ratte nach 0,5 bis 1 ml/kg ebenfalls um 25 bis 30%; die Amplitude wird auf das 1,5- bis 2fache vergrößert; die Diastole wird verlängert.

1 ml/kg senkt bei der Katze den Blutdruck um 10 bis 12 mm Hg für 5 bis 6 min, 2 ml/kg um 40 bis 45 mm, 3 ml/kg um 50 bis 60 mm. Gleichzeitig treten Rhythmus-Verlangsamung um 30 bis 40% und Steigerung der Pulswellenhöhe ein (nach Atropinisierung und Vagotomie wenig ausgeprägt) [65].

3.1.7 Estrogene Wirkung

Wäßrige Calendulaextrakte (DEV = 1 bis 2:1) wirken tonussteigernd auf den isolierten Kaninchen- und Meer-

schweinchenuterus [66]. In Rapsöl auf-
genommene wasserlösliche Extraktivstoffe (DEV = 2,5:1) haben nach s. c.
Injektion von 0,2 ml/Tier eine positive
estrogene Reaktion auf die Vaginal-
schleimhaut von sterilisierten Mäusen.
Bezogen auf den Estronstandard beträgt die Aktivität der Calendulablüten
7000 Mäuseeinheiten/kg [67]. Nach suk-
zessiver Extraktion mit Petrolether,
Ether, Chloroform, Methanol, Essig-
ester und Wasser verteilt sich die estrogene Aktivität (Einheiten/g) wie folgt:
auf den Petroletherextrakt 29 E/g, den
Etherextrakt 31 E/g, den Chloroform-
extrakt 19 E/g und den wäßrigen Extrakt 27 bis 31 E/g. Die übrigen Extrakte sind inaktiv und toxisch [68].

3.1.8 Choleretische Wirkung

Calendula-Aufgüsse sollen bei Hunden
ausgeprägt choleretisch wirken und die
Sekretion der Gallensäuren und der
Gallenmenge steigern, ohne daß es zu
einer signifikanten Änderung des Gehaltes an Cholesterol und Bilirubin
kommt [69].

3.1.9 Lipidsenkende Wirkung

Die Calendula-Saponoside senken den
Plasmaspiegel von Cholesterol und
Triglyceriden [70].
Die tägliche Applikation von 10 bis
50 mg/kg Calendula-Saponosiden p. o.
über 12 Wochen normalisiert bei Ratten
mit experimenteller, durch Cholesterin-
diät ausgelöster Hyperlipidämie [64, 71,
72] die Werte für Serumcholesterol,
freie Fettsäuren, Phospholipide, β-Li-
poproteide, Gesamtlipide und Triglyce-
ride. Ein nicht näher charakterisiertes
Saponin soll sogar bei Mäusen nach i. v.

Injektion   stärker   hypocholesterol-
ämisch wirken als Clofibrat [73].
Der Mechanismus der lipidsenken-
den Wirkung ist strittig. Diskutiert wird
eine Bindung des mit der Nahrung zu-
geführten exogenen Cholesterins und
des mit der Galle in den Darm abgege-
benen endogenen Cholesterins an die
Saponine. Andere Versuche sprechen
dafür, daß der Cholesterinstoffwechsel
unmittelbar beeinflußt wird [74].

3.1.10 Ulkusprotektiver Effekt

Aus den Blüten von C. officinalis gewonnene Fraktionen zeigen an durch
Ramasedin   provozierten   gastrischen
Ulzera bei männlichen weißen Wistar-
Ratten einen deutlichen ulkusprotektiven Effekt (Paul's Index −1,16 bis
−2,05) [75]. Ein zytoprotektiver Effekt
auf die Magenschleimheit ist durch den
Gehalt an Carotinen denkbar [76]. Andererseits besitzen auch die Saponoside
eine Antiulkuswirkung. Calendulosid
B, isoliert aus den Calendulawurzeln,
zeigt bei p. o. Applikation an Ratten eine ulkusprotektive Wirkung bei 3 verschiedenen Ulkusmodellen (Coffein-
Arsenik, Butadion und Pylorus-Ligatur). Bei einer Dosierung von 5, 20 und
50 mg/kg wird sowohl die Bildung neuer
Ulzera als auch das Wachstum bereits
bestehender Ulzera unterdrückt. Bei einer Dosierung von 20 mg/kg beträgt der
Ulzerationsgrad nach Pylorus-Ligatur
in   der   experimentellen   Gruppe
$14,0 \pm 2,9\%$ gegenüber $25 \pm 2,9\%$ in der
Kontrollgruppe ($p < 0,002$) (Paul's Index 10,0 bzw. 24,3). Die ulzerierte
Oberfläche erreicht bei der experimentellen Gruppe $5,4 \pm 2,23$ und bei der
Kontrollgruppe $28,0 \pm 6,4$ ($p < 0,001$)
(Paul's Index 3,0 bzw. 27,0). Innerhalb
der applizierten Dosen hat Calendulosid keinen Einfluß auf den pH des Ma-

gensaftes oder die Konzentration an freiem oder totalem HCl. Ähnliche Ergebnisse erhält man mit dem Coffein-Arsenik- und dem Butadion-Ulkusmodell [34].

3.1.11 Vasoprotektiver Effekt

Bei Trypanblau-Versuchen an Albino-Kaninchen wirkt der Glykolextrakt aus Calendula (DEV = 1:2) bei einer lokal auf die Rückenhaut aufgetragenen Dosis von 30 mg vasoprotektiv durch Verminderung der Kapillaraktivität. Nach Applikation des Extraktes erscheint die Farbe erst nach 553 ± 13 s gegenüber 377 ± 49 s bei der Kontrolle [41].

3.1.12 Spermizide Wirkung

Saponine aus C. officinalis sollen in Extraktform oder als reine Substanzen sowohl spermizid als auch antiblastozyst wirksam sein [77].

3.2 Toxikologie und unerwünschte Nebenwirkungen

Gemäß einer Veröffentlichung des Europarates sind Extrakte aus Calendula officinalis in die Gruppe 3 gestellt worden. Das bedeutet, daß sie bis zu einem Zusatz von 10% ohne gesundheitliches Risiko als Bestandteile für kosmetische Produkte wie Bäder, Hautschutzpräparate, Produkte für aufgesprungene und entzündete Haut sowie als Babypflegemittel verwendet werden können [78].

3.2.1 Akute Toxizität

Für wäßrige Calendulaextrakte ist bei Mäusen i. v. und i. p. eine LD_{50} von 375 mg/kg und eine LD_{100} von 580 mg/kg ermittelt worden [59]. In einer anderen Quelle wird die LD_{50} für Calendulaextrakte an der Maus i. p. mit 300 mg/kg angegeben [79]. Hydroalkoholische Extrakte (DEV = 1:1 und 0,5:1 mit 30%-igem Ethanol) aus Calendulablüten haben eine LD_{50} von 45 mg/Maus s. c. und eine LD_{50} von 526/100 g Ratte i. v. [62]. Ein Glykolextrakt aus Blüten (DEV = 2:1) ist nach s. c. Applikation von 10 ml/kg bei Albino-Mäusen nicht toxisch [41]. Calendulaöl CLR (vgl. 5.1.4) (DEV = 1:10) hat bei der Prüfung auf akute orale Toxizität nach Litchfield und Wilcoxon eine LD_{50} von 20 ml/kg Ratte, ist also untoxisch [80].

3.2.2 Chronische Toxizität

Der wäßrige Extrakt ist bei chronischer Verabreichung an Mäusen nicht toxisch [59]. Nach Applikation eines Calendulaextraktes (Solvens nicht ersichtlich) in einer Dosierung von 0,15 g/kg an Hamstern über 18 Monate und an Ratten über 21 Monate zeigten sich keine Toxizitätssymptome [42]. In einem 22-Monate-Test sind Karzinogenitätsstudien mit Calendulaextrakt an B_6-Ratten in Gruppen von 50 Tieren, männlich und weiblich, mit einer Dosierung von LD_{05} (= 0,15 g/kg) p.- o. vorgenommen worden. Eine weitere Versuchsreihe ist mit Goldhamstern in der gleichen Dosierung über 18 Monate durchgeführt worden. Bei beiden Tierspezies verhielt sich der Extrakt nicht karzinogen [42].

Bei täglicher Applikation von 20 und 200 mg/kg Calendulosid B p. o. über 2 Monate an Ratten zeigten sich keine sichtbaren toxischen Symptome. Auch das Gewicht der Tiere änderte sich nicht [34].

3.2.3 Mutagenität

Mutagene und toxische Aktivität sind mit dem qualitativen Ames-Test an verschiedenen Stämmen von Salmonella typhimurium untersucht worden. Bis zu einer Dosis von 400 μg sind die Calendula-Saponoside weder toxisch noch mutagen [81, 82].

3.2.4 Hautreizende Wirkung

In einer Konzentration von 10^{-6} bis 10^{-2} hat Calendulosid B keine bemerkbare lokale reizende Wirkung auf die Cornea und die Neuroreflexzonen des Kaninchenauges und verursacht keine histologischen Veränderungen im subkutanen Gewebe [34]. Calendulaöl CLR (vgl. 5.1.4) (DEV = 1:10) ist beim primären Schleimhautreiztest nach Draize am Kaninchenauge schleimhautverträglich. Zur Anwendung in Augen-

nähe bestehen deshalb keine Bedenken [80].

3.2.5 Hämolytische Wirkung

Je nach Extraktionsmethode zeigen Calendulaauszüge mit Stierblut hämolytische Indices von 1:2976 bzw. 1:8000 [83].

Für Calendulosid B beträgt der hämolytische Index (nach Kofler) 15 000 [34].

Die hämolytische Wirkung der Blüten-Saponoside ist nach der Methode der Pharmacopée Française IXème édition bestimmt worden [82]. Wie aus der Tab. 19 hervorgeht, ist der hämolytische Index (Pouvoir hémolytique) bei den Monodesmosiden höher als bei den Bidesmosiden.

3.2.6 Allergische Wirkungen

Die Ursache der Sensibilisierungspotenz Kontaktallergie induzierender Pflanzen sind niedermolekulare Verbindungen, von denen bei den Compositen die Sesquiterpenlactone im Vordergrund stehen. Das Risiko von Kreuzreaktionen erstreckt sich auch auf Arten anderer Familien, in denen Sesquiterpenlactone vorkommen [84].

Tab. 19: Hämolytische Wirkung der Saponoside nach PF IX (nach [82])

Saponosid	Hämolytische Dosis mg/ml	Hämolytischer Index (Pouvoir hémolytique)
Testsaponin SCR	0,036	30.000
S_1	1,000	1.000
S_2	0,400	2.700
S_3	1,000	1.000
S_4	0,022	48.600
S_5	0,720	1.000
S_6	0,110	9.818

In der gesamten Tribus Calenduleae sind bisher keine Sesquiterpenlactone gefunden worden (vgl. 2.1.8). Im Gegensatz beispielsweise zu den Arnikablüten verursachen Ringelblumenblüten bzw. deren Zubereitungen keine allergischen Reaktionen [44, 85–89]. So wird in der Literatur lediglich über einen Fall von anaphylaktischem Schock im Zusammenhang mit dem Gurgeln mit Calendulatinktur berichtet, ohne daß nähere Einzelheiten mitgeteilt werden [90].

Literatur

[1] Hinsdale A. E., Lord S. N. (1921), J. Amer Inst Homeopathy 13: 747–753; zit nach [2].
[2] Spaich W. (1977), Moderne Phytotherapie, Karl F. Haug, Heidelberg.
[3] Góra J., Kalemba D., Kurowska A., Świątek L. (1980), Herba Hung 19: 165–171.
[4] Felklova M., Janečkova M. (1957), Českoslov Farmac 6: 577.
[5] Leclerc H. (1973), Précis de Phytopharmacie, p. 229, Masson, Paris.
[6] Chaplinska M. G., Golovkin V. O. (1963), Farmatsevt Z. H., (Kiev) 18: 56–60; zit nach CA 60: 3945.
[7] Dumenil G., Chemli R., Balansard G., Guiraud H., Lallemand M. (1980), Ann pharm Fr. 38: 493–499.
[8] Gasiorowska I., Jachimowicz M., Patalas B., Mlynarczyk A. (1983), Czas Stomat 36: 307–311.
[9] Wolters B. (1966), Dtsch Apoth Ztg 106: 1729–1733.
[10] Wolters B. (1966), Dtsch Apoth Ztg 106: 827.
[11] Bogdanova N. S., Nikolaeva I. S., Scherbakova L. I., Tolstova T. I., Moskalenko N. Yu., Pershin G. N. (1977), Farmakol Toksikol 33: 349–355.
[12] Gracza L. (1987), Planta Med 53: 227.
[13] Fazakas B., Rácz G. (1985) Farmacia (Bucarest) 13: 91; zit nach [12].
[14] Gracza L., Szász K. (1968) Acta Pharm Hung 38: 118–125.
[15] Marczal G., Czerjési Z., Héthely É., Petri G. (1987) Herba Hung 26: 179–189.
[16] Samochowiec E., Urbańska L., Mańka W., Stolarska E. (1979) Wiad Parazytol 25: 77–81.
[17] Tarle D., Dvorzak I. (1989), Farm Vestn (Ljubljana) 40: 117–120; zit nach CA 112: 42317 u. CA 114: 39093.
[18] Vichkanova S. A., Adgina V. V., Izosimova S. B. (1977), Rastit Resur 13: 428–435; zit nach CA 87: 162117.
[19] Gracza L. (1971), Mezhdunar Kongr Efirnym Maslam (Mater) 4th 1968 (Pub 1971) 1: 83–89; CA 78: 106441.
[20] Möse J. R., Lukas G. (1957), Arzneim Forsch 7: 687–692.
[21] Nikolov P., Boyadziev Ts., (1958), Savrem med 9: 3–9; CA 53: 17325.
[22] Janssen A. M. (1989), Dissertation Rijksuniversiteit te Leiden.
[23] Janssen A. M., Scheffer J. J. C., Baerheim Svendsen A. (1986), Tagung Ätherische Öle Bad Bevensen 9.86, Poster 30.
[24] Kondo R., Imamura H. (1986), Mokuzai Gakkaishi 32: 213–217; zit. nach [22].
[25] Peyroux J., Rossignol P., Delaveau P. (1981), Plant Méd Phytothér 15: 210–216.
[26] Mascolo N., Autore G., Capasso F. (1987), Phytother Res 1: 28–31.
[27] Shipochliev T., Dimitrov A., Aleksandrova E. (1981), Veterinary Sciences (Sofia) 18: 87–94.
[28] Della Loggia R., Becker H., Isaac O., Tubaro A. (1990), Planta Med 56: 658.
[29] Della Loggia R., Tubaro A., Becker H., Saar St., Isaac O. (1992), Zur Publikation eingereicht.
[30] Tubaro A., Della Loggia R., Zilli C., Vertua R., Delaveau P. (1983), Societá Italiana di Farmacognosia, 2° Congresso nazionale, Milano 15 16. 12. 1983.
[31] Della Loggia R., Sosa S., Leitner Zs., Isaac O., Tubaro A. (1991), Planta Med 57: A49.
[32] Wagner H., Proksch A., Riess-Maurer I., Vollmer A., Odenthal S., Stuppner H., Jurcic K., Le Turdu M., Heur Y. H. (1984), Arzneim Forsch 34: 659–661.
[33] Wagner H., Proksch A., Riess-Maurer I., Vollmar A., Odenthal S., Stuppner H., Jurcic K., Le Turdu M., Fang N. N. (1985), Arzneim Forsch 35: 1069–1075.
[34] Yatsuno A. I., Belova L. F., Lipkina G. S., Sokolov SYa., Trutneva E. A. (1978), Russian Pharmacol and Toxicol 41: 193–198.
[35] Cosmital S. A., Fribourg (1987), Untersuchungsbericht vom 9. 6. 1987.
[36] Monographie der Kommission E beim Bundesgesundheitsamt, BAnz Nr. 5. v. 13. 3. 1986.
[37] Kloucek-Popova E., Popov A., Pavlova N., Krusteva S. (1981), Savrem Med 32: 395–399; zit. nach [38].
[38] Kloucek-Popova E., Popov A., Pavlova N., Krusteva S. (1982), Acta Physiol Pharmacol 8: 63–67.
[39] Delaveau P., Lallouette P., Tessier A. M. (1980), Planta Med 40: 49–54.
[40] Hauberrißer E. (1940), Hippokrates 11: 393–398.
[41] Russo M. (1972), Riv Ital EPPOS 54: 730–743.
[42] Avramova S., Potarska F., Apostolova S., Petkova S., Konteva M., Tsekova M., Kapitanova T., Maneva K. (1988), MBI Med Biol Inf 28–33.
[43] Hänsel R., Haas H. (1983), Therapie mit Phytopharmaka, Springer, Berlin, Heidelberg, New York, Tokyo.
[44] Schneider E., Hölzl J., Eckes B., Mauch C., Schirren C. G. (1991), Planta Med 57: A60.
[45] Grinkevich N. I, Ignateva N. S., Safronich L. N. (1963), Aptechnoe Delo 12: 38–40; zit nach CA 61: 11001.
[46] Luckner M., Bessler O., Luckner R. (1969), in: Jung F., Kny L., Poethke W., Pohloudek-Fabini R., Richter J. (Hrsg.), Kommentar zum Deutschen Arzneibuch 7. Ausgabe, Adademie-Verlag, Berlin.
[47] Fischer G. (1966), Heilkräuter und Arzneipflanzen 3. Aufl, Karl F. Haug, Ulm/Donau.
[48] El-Gengaihi S., Abdallah N., Sidrak I. (1982), Pharmazie 37: 511–514.
[49] Halasa J., Pietrzak-Nowacka M., Giedrys-Galant St., Lutomski J. (1978), Herba Pol 24: 233–239; zit nach [50].
[50] Lutomski J. (1983), Pharm Unserer Zeit 12: 149–153.
[51] Wagner H., Proksch A. (1985), Immunstimulatory Drugs of Fungi and Higher Plants. In: Wagner H., Hikino H., Farnsworth N. R. (eds.) Economic and

Medicinal Plant Research Vol I, Academic Press, London Orlando San Diego, New York, Toronto, Montreal, Sydney, Tokyo.

[52] Varljen J., Lipták A., Wagner H. (1989), Phytochemistry 28: 2379–2383.

[53] Madaus G. (1938), Lehrbuch der biologischen Heilmittel Bd. I, Georg Thieme, Leipzig.

[54] Boucaud-Maitre Y., Algernon O., Raynaud J. (1988), Pharmazie 43: 220–221.

[55] Hartwell J. L. (1967–1971) Plants used against cancer, Lloydia, P. 30; zit. nach [56].

[56] Duke J. A. (1986), Handbook of Medicinal Herbs, CRC Press, Boca Raton.

[57] Hartwell J. L., Abott B. (1969), Adv Pharmacol Chemother 7: 117; zit. nach [25].

[58] Dupuis G. (1976), Chem Biol Interact 15: 205–217; zit. nach [25].

[59] Manolov P., Boyadzhiev Tsv., Nikolov P. (1964), Eksperim Med Morfol 3: 41–45; zit. nach CA 62: 9652.

[60] Giroux J., Beaulaton S., Boyer J. (1951), Bull Soc Pharm Montpellier 11: 47–49.

[61] Boyer J. (1949), Thèse Doct Univ Pharm Montpellier; zit. nach [60].

[62] Boyadzhiev Tsv. (1964), Nauchni Tr Vissh Med Inst Sofia 43: 15–20; zit. nach CA 63: 1114.

[63] Wójcicki J., Bartlomowicz B., Samochowiec L. (1980), Herba Pol 26: 119–122.

[64] Samochowiec L. (1983), Herba Pol 29: 151–155.

[65] Turova A. T. (1952), Farmakol i Toksikol (Moskva) 15: 39–42.

[66] Shipochliev T. (1981), Vet med Nauki 18: 94–98.

[67] Banaszkiewicz W., Mrozikiewicz A. (1962), Poznan Towarz Przyjaciol Nauk Wydzial Lekar Prace Komisji Farm 2: 35–40; zit. nach CA 59: 6681.

[68] Banaszkiewicz W., Kowalska M., Mrozikiewicz A. (1963) Poznan Towarz Przyjaciol Nauk Wydzial Lekar Prace Komisji Farm 1: 53–63; zit. nach CA 61: 2364.

[69] Naumenko M. (1941), Farmakol i Toksikol 4: 22–25; zit. nach CA 38: 5598.

[70] Hiller K. (1987), New results on the structure and biological activity of triterpenoid saponins. In: Hostettmann K., Lea P. J. (eds.), Biologically Active Natural Products. Clarendon Press, Oxford.

[71] Wójcicki J., Samochowiec L., Kadlubowska D., Lutomski J. (1977), Herba Pol 23: 285–289; zit. nach CA 89: 140619.

[72] Wójcicki J., Samochowiec L. (1980), Herba Pol 26: 233–237; zit. nach CA 95: 180898.

[73] Hatinguais P., Belle R., Negol P., Delhon A. (1986), Demande F. R 2, 574, 799; zit. nach CA 107: 93891.

[74] Steinegger E., Hänsel R. (1988), Lehrbuch der Pharmakognosie und Phytopharmazie, 4. Aufl., Springer, Berlin, Heidelberg, New York, London, Paris, Tokyo, S. 206.

[75] Manolov P., Pavlova N., Nikolov N., Lambev Iv., Krusteva S., Yossifov I. (1983) Probl Vatr Med 11: 70–74.

[76] Jávor T., Bata M., Lovász L., Morón F., Nagy L., Paty I., Szabolcs J., Tárnok F., Tóth G., Mózsik G. (1983), Int J Tiss Reac 5: 289–296.

[77] Parkhurst R. M., Stolzenberg SJ. (1975), US 3, 866, 272; zit. nach CA 83: 183387.

[78] Council of Europe (1989), Plant preparations used as ingredients of cosmetic products, Strasbourg.

[79] NN (1968), Indian J Exp Biol 6: 232.

[80] Firmenmitteilung der Chemisches Laboratorium Dr. Kurt Richter GmbH, Berlin (1992).

[81] Elias R., De Meo M., Vidal-Ollivier E., Laget M., Balansard G., Dumenil G. (1990), Mutagenesis 5: 327–331.

[82] Vidal-Ollivier E. (1988), Thèse de Doctorat en Science, Université d'Aix-Marseille.

[83] Kuszlik-Jochym K., Mazur B. (1973), Acta Biol Crakov Ser Bot 16: 203–213; CA 65: 20761.

[84] Hausen BM. (1991) Dtsch. Apoth. Ztg. 131: 327–331.

[85] Mitchell J. C., Dupuis G. (1971), Brit J Dermatol 84: 139; zit. nach [25].

[86] Mitchell J. C., Dupuis G. (1972), Brit J Dermatol 87: 235; zit. nach [25].

[87] Yankovskaya S. A., Kakovskaya N. F. (1970), Brevet USSR 290, 755; zit. nach [25].

[88] Rose J. (1979), Herbs and Things, Grosset & Dunlap, New York; zit. nach [56].

[89] Kosch A. (1939), Handbuch der Deutschen Arzneipflanzen, Berlin; zit. nach [46].

[90] Goldmann I. I. (1974), Klin Med (Mosc) 52: 142–143.

4 Therapeutische Anwendung und sonstige Verwendung

Die therapeutische Verwendung der Ringelblume läßt sich bis auf die Äbtissin Hildegard von Bingen zurückverfolgen. Im Vordergrund steht dabei die äußerliche Anwendung, besonders bei schlecht heilenden oder eiternden Wunden, Verbrennungen, Krampfadern und Venenentzündungen. In der Schönheitpflege werden Ringelblumenzubereitungen als Hauttonika und zum Schutz empfindlicher Haut verwendet. Demgegenüber tritt die innerliche Anwendung zurück und beschränkt sich auf Magen-Darm-Beschwerden und Frauenkrankheiten.

4.1 Historischer Rückblick

Bei Theophrast und Dioskurides wird eine Pflanze namens „Klymenon" erwähnt, die wahrscheinlich mit unserer Ringelblume identisch ist. Virgil bezeichnet sie mit „Caltha luteola" [1].

Der erste sichere Hinweis auf die therapeutische Anwendung der Ringelblume geht auf die hl. Hildegard von Bingen (1098–1197) zurück. Die Äbtissin hat in ihren Werken „Causae et Curae" und „Physica" die Heilwirkung der „ringula" beschrieben: Innerlich gegen Verdauungsstörungen und als Antidot bei Vergiftungen von Mensch und Tier, äußerlich bei impetiginösen Ekzemen [2]. Hildegard empfiehlt bereits den Gebrauch einer mit Speck als Grundlage angefertigten Ringelblumensalbe gegen Kopfgrind ([3], vgl. 5.4.1).

Hundert Jahre später hat Albertus Magnus (1193–1280) die Ringelblume, die er „sponsa solis" nennt, gegen den Biß von wilden Tieren und bei Leber- und Milzschmerzen verwendet [4].

Die Ringelblume taucht dann wieder in den Kräuterbüchern der Renaissance auf. Leonhard Fuchs (1501–1566) beschreibt „Krafft und Würckung" der Ringelblume auf folgende Weise: „Die blumen von disem kraut in wein jngenossen und getruncken/ bringen den frawen ihre zeit. Deßgleichen thut auch das kraut in wein gesotten und getruncken. Es legt auch das zanwee/ so mans also gesotten im mund ein zeit lang helt. Die blumen und kraut gedörrt/ angezündt un den rauch von unden auffempfangen/ erfordert mit gewalt das bürdlin. Die blum in die laug gelegt macht schön gelb har" ([5], Abb. 26-Farbtafel). Adamus Lonicerus (1528–1586) gebraucht sie als feuchtigkeitsverzehrendes und magenerwärmendes Mittel bei Leberleiden, äußerlich gegen Milzbeschwerden, bei Zahnweh, lahmen Gliedern und Magenentzündung [7].

Weniger begeistert von ihren Vorzügen ist Hieronymus Bock (1498–1554), wenn er schreibt: „Etliche Weiber treiben superstition damit/ brauchen sie zur Bulschafft. Seind mehr Eusserlich dann inn Leib dienstlich" [8]. Pierandrea Matthiolus (1500–1577) rühmt dagegen die Calendula bei Engbrüstigkeit, Gelbsucht und Herzklopfen, namentlich als Folge verhaltener Menses; das Ringelblumenwasser soll schweißfördernd wirken, eine Räucherung mit Blüten und Kraut die Geburt beschleunigen. Matthiolus ist der erste Arzt, der den Gebrauch der Calendula bei Krebs empfiehlt; sie wird von ihm auch als „Herba Cancri" bezeichnet [9].

Der Arzt Joh. Joach. Becher (um 1660) faßt die Heilwirkung der Ringelblume in folgenden Versen zusammen [6]:

„Der Leber/ Hertzen auch/ steht bey die Ringelblum/

Sie treibt den Schweiß und Gifft/ behält darin den Ruhm

Sie fördert die Geburt/ und treibt der Frauen Zeit/

Ein Wasser/ Essig und Conseco wird drauß bereit."

In der Zeit des Barock erwähnt der Regensburger Apotheker J. W. Weinmann (1683–1741) in seiner „Phytantoza iconographica" den Gebrauch des Krautes gegen Kröpfe und des Ringelblumenwassers bei roten und entzündeten Augen [10].

Nach v. Haller schreiben manche Ärzte der Ringelblume eine äußerlich und innerlich zerteilende, eröffnende, schweißtreibende und herzstärkende Kraft zu und loben auch ihre Anwendung bei Uterusbeschwerden; die Ringelblumensalbe gilt als erweichend, kühlend und zerteilend bei Geschwülsten, verhärteten Brüsten bei Stillenden sowie gegen Brandverletzungen und Entzündungen [11].

Der Pfarrer Sebastian Kneipp (1821–1897) wendet die Pflanze bevorzugt bei Geschwüren an, die „recht bösartig und giftig aussehen". Blüten und Blätter werden mit Schmalz gesotten und zu einer Salbe verarbeitet. Den Teeaufguß empfiehlt er sowohl zur äußerlichen Anwendung als auch bei Magenentzündung und Magengeschwüren [12].

Osiander [13] und Hufeland [14] haben die Ringelblume ebenfalls erwähnt, letzterer auch als Mittel gegen Krebs. Die Anwendung als Krebsheilmittel findet im 19. Jahrhundert Verbreitung durch Veröffentlichungen des schwedischen Arztes J. P. Westring [15]. Auf Westrings Empfehlung wird die Ringelblume zu einem Modemittel gegen Krebs. Der Extrakt wird in Dosen von 0,1 bis 1,2 g und mehr in Pillenform drei- bis viermal täglich verabfolgt [16] oder in einem Gemisch mit Kamillen- und Opiumtinktur äußerlich als „Lotion anticancéreuse" appliziert [17]. 1818 findet die Ringelblume Aufnahme in die erste französische Pharmakopöe [18, vgl. 3.1.5]. Clarus [19] bezeichnet die Ringelblume als ein rein empirisches Mittel bei skrofulösen Leiden, Leber- und Milztumoren. Auch dient sie zur Behandlung von frischen und alten Wunden, Ulzera und Kombustionen sowie innerlich bei Magenverhärtung und Magenkrämpfen [6, 20].

In unserem Jahrhundert ist die therapeutische Bedeutung der Ringelblume zunächst mehr und mehr in Vergessenheit geraten. Überlebt hat sie als Schmuckdroge in den verschiedensten Teemischungen und in der Volksheilkunde als Ringelblumensalbe. Erst in den beiden letzten Jahrzehnten hat mit der Rückbesinnung auf die Heilkräfte der Natur und nicht zuletzt durch volkstümliche Publikationen wie die „Gesundheit aus der Apotheke Gottes" von Maria Treben [21] auch die Ringelblume wieder an Interesse gewonnen und ihre therapeutische Verwendung einen ungeahnten Aufschwung genommen.

4.2 Medizinische Erfahrungen

4.2.1 Äußerliche Anwendung

Die Ringelblume ist – besonders in Form der Salbe – ein vielseitiges Mittel bei schlecht heilenden Wunden, Hauterkrankungen, venösen Stauungen, Krampfadern und beim sogenannten Dekubitus (Wundliegen), dem großen Problem der Krankenpflege. Es hat sich erwiesen, daß die Ringelblumensalbe die Heilung größerer oder kleinerer Wunden beschleunigt (vgl. 3.1.3), die Granulation des Gewebes fördert und Entzündungsvorgänge hemmt (vgl. 3.1.2), sowie gegenüber Staphylokokken und Streptokokken bakteriostatisch wirksam ist (vgl. 3.1.1). Auch regt die Salbe die Durchblutung der Haut an, macht sie geschmeidiger und daher widerstandsfähiger gegen mechanische und chemische Irritationen [22].

4.2.1.1 Wunden, Hautverletzungen

Zubereitungen aus Calendulablüten wirken entzündungshemmend, antibakteriell und fördern die Bildung von Granulationsgeweben. Bei der Behandlung eiternder, schlecht heilender Wunden vermag die Ringelblume Erstaunliches zu leisten [23–29]. Sie ist zwar kein Antiseptikum im üblichen Sinne, doch heilen Infektionen bei ihrer Anwendung rascher ab [30]. Es scheint, daß die Anregung der Gesundungskräfte bei allen äußeren Heilungsprozeßen, die mit der Abstoßung abgestorbenen Gewebes einhergehen, ihre eigentliche Domäne ist [23]. Ringelblumensalbe wird deshalb bei Hautschäden aller Art wie Schnitt-, Riß-, Stich-, Schlag- und Quetschwunden, sowie zur Wundheilung nach Amputationen empfohlen [1, 6, 28, 30–36]. Wegen ihrer granulationsfördernden Wirkung benutzt man die Ringelblumensalbe auch zur Behandlung von Frostbeulen (Perniones) und Brandwunden bis zu Verbrennungen 2. Grades [31, 36–43]. Eine 10%ige Tinktur wird ebenfalls bei Frostbeulen, Brandwunden, infizierten Wunden und ausgebreiteter Furunkulose verwendet [6, 44, 45].

Ganz tiefe Wunden werden mit verdünnter Calendulalösung (1 Teelöffel Calendula-Urtinktur auf 2 Eßlöffel Wasser) behandelt [46]. Die Extraktlösung hat sich auch als Antiseptikum beim Waschen und Verbinden von Wunden bewährt [39].

Die Ringelblume hat eine ähnliche

Wirkung wie die Arnikablüten, ohne jedoch Hautreizungen zu verursachen [1]. Bei empfindlicher, allergiebereiter Haut sollte sie deshalb anstelle von Arnika als Wundheilmittel eingesetzt werden [26].

4.2.1.2 Hauterkrankungen, Dermatitiden

Calendulazubereitungen eignen sich besonders für sensible und für trockene und schuppige Haut [47, 48]. Entsprechend sind sie zur Behandlung trockener Dermatosen angezeigt [43, 49, 50], bei trockenen, zu Rhagaden neigenden Ekzemen [51], bei Flechten, z. B. Bartflechte [6, 24, 52, 53], bei Candidamykosen von Säuglingen und Lippenerosionen [54], Drüsenentzündungen, -schwellungen und -verhärtungen sowie bei Purpura haemorrhagica [6], bei Akne [45, 55] und bei verschiedenen Dermatitiden [43]. In Form von Tinktur oder Salbe wird die Ringelblume auch verwendet bei der Behandlung von Pyodermie, Impetigo, Ekzemen und Geschwüren [41, 56], wegen ihrer granulationsfördernden Wirkung auch bei ekzematiformen Dermatitiden und Kontaktdermatitiden [41, 43]. Ringelblumensalbe soll gut bis sehr gut wirksam sein bei rhagadiformem Handekzem und endogenem Ekzem [57], Analekzem, Proktitis und akuten oder chronischen Hautverletzungen [58], auch bei langsam heilenden chronischen Oberflächengeschwüren [30], Intertrigo und Amputationsstumpfentzündungen [28], sowie bei periproktischen Abszessen [59], Exanthemen und Skrofulose [6, 60].

Ferner wird sie bei Entzündungen von Haut und Schleimhäuten [31], z. B. Pharyngitis, Mastitis, beginnenden Phlegmonen und Panaritien, bei Lippen- und Brustwarzenrhagaden, Kontusionen, Blutergüßen [1, 28, 54, 61] und zur Brustwarzenpflege in der Schwangerschaft und in der Stillzeit eingesetzt [59].

Schließlich soll Calendulaextrakt ein hervorragendes Mittel gegen Bienen- und Wespenstiche sein. Bei Bienenstichen werden 6 Tropfen auf eine halbe Tasse Wasser zu häufigen Umschlägen gegeben [62]. Bei Wespenstichen sollen sich Schmerz und Schwellung vermeiden lassen, wenn das Areal rund um den Einstich mit Calendulaextrakt bestrichen oder darauf ein Blütenköpfchen zerrieben wird [30].

4.2.1.3 Venöse Durchblutungsstörungen, Ulcus cruris

Ziel der medikamentösen Therapie von Venenerkrankungen ist es, die ungünstige Weiterentwicklung des Krankheitsverlaufs, wie Ödembildung, entzündliche und fibrotisch-sklerotische Gewebserkrankungen, zumindest wirksam zu verzögern und das Befinden der Patienten zu verbessern. Calendulazubereitungen werden seit langem bei Venenentzündungen [6], Krampfadern, Krampfadergeschwüren, Hämorrhoiden und Ulcus cruris [12, 25, 26, 28, 41, 58] verwendet. Calendulasalbe wird erfolgreich bei der Behandlung älterer Patienten mit Ulcus cruris eingesetzt [49]. Mit einer Calendulasalbe (20% öliger Extrakt in Ol. Helianthi) sind positive Ergebnisse bei der Behandlung chronischer variköser Ulzera erzielt worden. Diese Behandlung stellt eine therapeutische Alternative zu den Antibiotikasalben dar, besonders was die Epithelisierung der chronischen venösen Ulzera betrifft [43]. Mit einem Präparat aus Ringelblumen- und Johanniskrautextrakt mit Wismuttribromphenolat konnten bei der Behandlung schlecht beeinflußbarer Unterschenkelgeschwüre in den meisten Fällen gute Erfolge, teilweise sogar bis zur Heilung, erzielt werden. Irritationen oder andere Nebenwirkungen wurden nicht beobachtet [63].

Ringelblumensalbe vermag selbst bei langwierigen Beschwerden und in hartnäckigen Fällen bei mit venösen Durchblutungsstörungen im Zusammenhang stehenden Beschwerden Heilung oder Linderung zu bringen. In einer offenen klinischen Prüfung im ambulanten Bereich zeigte Dr. Theiss Ringelblumensalbe bei venösen Durchblutungsstörungen mit Varikosis, Thrombophlebitis, Ulcus cruris und anderen damit im Zusammenhang stehenden Hautveränderungen wie Entzündungen, Schrunden, Rhagaden und Ekzemen positive Ergebnisse. Folgende Parameter wurden mit „sehr gut" oder „gut" beurteilt:

- Weichwerden der Haut/der Varizen   94%
- Nachlassendes Schweregefühl   75%
- Verschwinden der Entzündung   87%
- Wundheilung   93%

Der Heilerfolg insgesamt wurde von 86% der Prüfärzte und von 96% der Patienten selbst mit „sehr gut" oder „gut" beurteilt [58]. Die Wirkung setzt rasch ein, die Verträglichkeit ist gut und die Handhabung der Salbe ist auch für den Patienten einfach. Die Salbe ist daher auch für den längeren Gebrauch bei Varikosis und Venenentzündung geeignet, insbesondere zur Verbesserung der Hautverhältnisse, Verringerung von Entzündungen und der lokalen Gewebespannung, und auch bei offenen Hautarealen [64].

In einer weiteren, multizentrisch angelegten, randomisierten einfachblinden Vergleichsstudie mit 75 Patienten

ist die Wirksamkeit und Verträglichkeit von Dr. Theiss Ringelblumensalbe in der unterstützenden Behandlung venöser Erkrankungen – oberflächliche Thrombophlebitiden, primäre Varikose, Schwangerschaftsvarikose, chronisch-venöse Insuffizienz – untersucht worden. Als Kontrollmedikation dienten eine wirkstofffreie Salbengrundlage und eine Roßkastaniensamenextrakt enthaltende Salbe. Die Behandlungsdauer betrug 3 Wochen.

Unter der Behandlung mit Verum kam es vor allem bei den subjektiven Beschwerden der Patienten – Schmerzgefühl, Schwellungsgefühl und Schweregefühl – zu einer gegenüber Plazebo und teilweise auch im Vergleich zur Referenzmedikation überlegenen positiven Beeinflussung. Ein – wenn auch nicht so ausgeprägt – günstiger Einfluß zeigte sich bei den klinisch objektivierbaren Befunden wie Hautrötung, Hauttrockenheit und Ödem. Die Ergebnisse sprechen für eine insbesondere im Vergleich zu Plazebo deutlichere Ansprechbarkeit der Patienten auf die Verum-Medikation. Dies schlägt sich im globalen Arzturteil zur Wirksamkeit nieder: In 70% der Fälle wurde der Erfolg der Therapie als „gut" bezeichnet (Plazebo: 19%, Referenz-Medikation: 25%). Die Verträglichkeit wurde durchweg als „gut" eingestuft [65].

4.2.1.4 Dekubitus (Wundliegen)

Ringelblumensalbe wird seit langem zur Prophylaxe und Therapie des Dekubitus eingesetzt [66]. Dekubitus entsteht als Folge einer dauernden lokalen Druckbelastung des Gewebes und der daraus resultierenden Minderdurchblutung. Die Prophylaxe des Dekubitus ist deshalb besonders bei bettlägerigen Patienten von Bedeutung. Ringelblumensalbe ist durch ihre durchblutungsfördernde Wirkung offenkundig in der Lage, die Entstehung eines Dekubitus in vielen Fällen zu verhindern. Ein Erfahrungsbericht hat unlängst bestätigt, daß mit Ringelblumensalbe auch bereits bestehende und teilweise erheblich fortgeschrittene Dekubitalgeschwüre erfolgreich behandelt werden können [67].

In einer weiteren Feldstudie an 6 Kliniken und 4 Altenheimen ist die Wirksamkeit von Ringelblumensalbe in 77% aller Fälle mit „sehr gut" oder „gut" bezeichnet worden [64].

4.2.2 Innerliche Anwendung

Calendula-Zubereitungen werden innerlich seltener therapeutisch eingesetzt und zwar als Diaphoretikum, Emmenagogum, bei Magenleiden sowie bei Magen- und Darmulzera, Gastritis und Spasmen des Verdauungstraktes, bei Cholezystitis, Cholangitis, Zystitis und Adnexitis [28, 61, 68–72]. Calendula-Zubereitungen werden innerlich auch zur Behandlung von Hautinfektionen und Herpes zoster verwendet [152].

4.2.2.1 Erkrankungen der Mund- und Rachenschleimhaut und der oberen Luftwege

Die Kommission E beim Bundesgesundheitsamt gibt als innere lokale Anwendung für die Ringelblume an: Entzündliche Veränderungen der Mund- und Rachenschleimhaut [25]. Gute Erfolge mit Calendulaextrakt lassen sich überdies bei der Behandlung von Stomatitiden, Aphthen, Gingivitiden, Alveolarpyorrhoe und Parodontopathien erzielen [34, 54, 73]. Bei Parodont. inflamm. superfic., Parodont. inflamm. profunda und Parodont. mixta kam es in 40 von 48 Fällen zu einem sehr guten oder guten Ergebnis [74]. Als Zusatz zum Gurgelwasser wird Calendula mit Erfolg bei Tonsillitis und entzündlichen Erkrankungen der oberen Luftwege verwendet [34, 54, 75]; sie soll in der Wirkung der Echinacea nahestehen [30]. Im übrigen finden Calendula-Zubereitungen bei Erkältungskrankheiten seltener Anwendung [6], doch werden sie bei Erkrankungen der Atemwege und bei Pharyngitis in Kombination mit Antibiotika empfohlen [73].

4.2.2.2 Entzündungen im Augenbereich

Calendula wird in osteuropäischen Ländern häufig bei Blepharitis (Lidrandentzündung und Lidrandekzem) verwendet [60, 73]. Sie dient auch bei Augenentzündungen infolge von Verletzungen [24] und als Lotio bei Konjunktivitis [58].

In einer klinischen Studie sind 300 Patienten mit Blepharitis 3- bis 4mal wöchentlich mit einem alkoholischen Auszug (DEV = 1:10) behandelt worden. Es gab keine Nebenwirkungen oder Klagen. Bei der Behandlung entsteht eine leichte Hyperämie, die nach 2 bis 3 min verschwindet. Die Patienten wurden bis zu einem Jahr beobachtet; bei 10% kam es zu Rezidiven. Die Wirkung wird auf Immunstimulation und Bakteriostase zurückgeführt [60].

4.2.2.3 Magen-Darm-Erkrankungen

In Osteuropa wird die Ringelblume häufig zur Behandlung dystropher Prozesse der Schleimhaut des Gastrointestinaltraktes verwendet [6, 54, 58, 60, 73]. So soll sie bei Magen- und Darmulzera, erosiven Gastritiden, Pyrosis (Sodbrennen), Colitis, Enterocolitis, Spasmen des Verdauungstraktes und

Mastdarmentzündung wirksam sein [6, 28, 54, 58, 61]. Auch bei Gallenwegserkrankungen und Hepatitiden wie Ikterus, Cholezystitis und Cholangitis wird sie eingesetzt [28, 33, 61, 73]. Die Anwendung als Cholagogum ist schon lange bekannt [54]. Bei Proktitiden und Paraproktitiden wendet man die Calendulatinktur auch in Form eines Klysmas an [54].

Die Behandlung von Patienten mit chronischer Colitis mit einer pflanzlichen Kombination, die u. a. Calendula enthält, soll in 75% der Fälle zu einer Linderung geführt haben [76].

In einer anderen Studie sind 137 Patienten, davon 78 mit Duodenalulkus und 59 mit Gastroduodenitis, mit einer Kombination aus Calendula und Symphytum officinale behandelt worden. In 90% der Fälle sind die für die Krankheit typischen Schmerzen wie auch die Abtastschmerzen spontan verschwunden. Die Ulkusnischen verheilten bei beiden Gruppen ([77], vgl. 3.1.10).

4.2.2.4 Frauenkrankheiten

Die Ringelblume soll als Emmenagogum bei Dysmenorrhoe und Amenorrhoe unterstützend wirken [26, 35, 43, 58, 78]. Nach Madaus [6] kann sie als menstruationsregulierendes Mittel gute Dienste leisten. Auch soll sie angezeigt sein bei Herzarrhythmien und Hypertension als Folge des Klimateriums [34]. In klinischer gynäkologischer Praxis ist eine gute hypotensive Wirkung bei Anwendung eines 20%igen alkoholischen Calendulaextraktes beobachtet worden [73]. Bei benignen Portioerosionen hat sich die granulationsfördernde Wirkung als hilfreich erwiesen ([81], vgl. 3.1.7).

4.2.2.5 Adjuvante Krebstherapie

Die Ringelblume ist sicherlich kein Heilmittel gegen Krebs, auch wenn dem Bericht eines mexikanischen Arztes zufolge der Saft der frischen Pflanze kanzerostatische Wirkungen gezeigt haben soll ([79], vgl. 3.1.5). Als symptomatisches Mittel bei inoperablen Tumoren des Verdauungstraktes und der Lunge wird ein Präparat beschrieben, das pro Tablette 0,25 g pulverisierte Calendulablüten und 0,1 g Nicotinsäure enthält. Bei einer Dosierung von 2mal tägl. $\frac{1}{2}$ bis 1 Tablette über 2 bis 3 Monate soll das Präparat zu einer Abnahme der Intoxikation, der Dyspepsie und des Schmerzsyndroms, sowie zu einer Verbesserung des Allgemeinbefindens führen [80]. Auch bei Brust- und Gebärmutterkrebs und anderen Geschwüren wird die Calendula adjuvant eingesetzt [33]; sie soll bei Krebskrankheiten allgemein Schlaf und Appetit verbessern [34].

4.2.2.6 Verschiedene Krankheiten

Calendula gilt auch als Antiemetikum [29] und als Stoffwechselmittel. Sie soll schweißtreibend, fiebersenkend, blutdrucksenkend und krampflösend wirken [33]. Weiter wird sie als Lymphagogum bei Schwellungen und Entzündungen der Lymphstränge und -knoten [26] sowie bei Drüsenschwellungen [33] empfohlen. Sie wird auch in der früher als „Reizkörpertherapie" und „Umstimmungstherapie" bezeichneten Immunstimulation als wirksam genannt [82]. Dafür lassen sich neuerdings auch pharmakologische Hinweise finden (vgl. 3.1.4).

Ringelblumenextrakt wirkt auch blutstillend und adstringierend [83], so daß er bei Zahnfleischbluten, Epistaxis (Nasenbluten) [58] und nach Zahnextraktionen [30] angewendet werden kann.

Calendula soll angeblich sogar gegen Hühneraugen [84], bei Gangrän und bei Hauttuberkulose [6] wirksam sein.

4.2.3 Dosierungsanleitung und Art der Anwendung

4.2.3.1 Teeaufgüsse

Etwa 1 bis 2 Teelöffel voll (2 bis 3 g) Ringelblumenblüten werden mit ca. 150 ml heißem Wasser übergossen und nach 10 min durch ein Teesieb gegeben.

Soweit nicht anders verordnet, wird bei Entzündungen im Mund- und Rachenraum mit dem noch warmen Aufguß mehrmals täglich gespült oder gegurgelt. Zur Behandlung von Wunden wird Leinen oder ein ähnliches Material mit dem Aufguß durchtränkt und auf die Wunden gelegt. Die Umschläge werden mehrmals täglich gewechselt [31]. Als Diaphoretikum wird ein Aufguß 5:100 genommen [6].

4.2.3.2 Extrakte, Tinkturen

Da die Ringelblume nicht toxisch ist, kann man beliebig viel einnehmen, z. B. täglich 10 g Tinktur, verteilt auf zwei- oder dreimal, in Wasser verdünnt oder auf Zucker [78] bzw. 1 bis 2 Teelöffel (2 bis 4 ml) Tinktur auf $1/4$ bis $1/2$ l Wasser [25].

Zum Gurgeln nimmt man eine 2%ige Lösung der Tinktur in Wasser alle 1,5 bis 2 Stunden; als blutstillendes Mittel eine Extraktlösung 1:25 [30].

4.2.3.3 Salben

Ringelblumensalbe entspricht üblicherweise einem Gehalt von 2 bis 5 g Blütendroge auf 100 g Salbe [25], kann aber auch ein Verhältnis von 10 g auf 100 g Salbe erreichen.

Soweit nicht anders verordnet, wird die Ringelblumensalbe auf die betroffenen Stellen mehrmals täglich dick aufgetragen, eventuell mit Mull abgedeckt, besonders über Nacht.

4.3 Volksheilkunde

Die Anwendung der Ringelblume nimmt in der Volksheilkunde aus Gründen der Tradition naturgemäß einen breiteren Raum ein als in der ärztlichen Therapie. Zweifellos halten viele der überlieferten Anwendungen einer rationalen Nachprüfung nicht stand. Andere wiederum haben inzwischen eine wissenschaftliche Bestätigung erfahren. Die im folgenden aufgezählten Anwendungsgebiete vermitteln einen Eindruck davon, wie in der traditionellen Medizin Phantasie und Wirklichkeit miteinander verwoben sind. Andererseits können überlieferte Erfahrungen eine wertvolle Fundgrube für sinnvolle Anwendungen darstellen.

4.3.1 Volksmedizinische Bedeutung der Ringelblume in Mitteleuropa

Die heimische Volksheilkunde rühmt bei der Ringelblume eine schweiß- und harntreibende, krampfstillende, fiebersenkende und abführende Wirkung [85]; auch ihre entzündungswidrige, beruhigende und antimikrobielle Wirkung ist seit langem bekannt [150]. Man bedient sich ihrer bei Leber- und Milzschwellungen, Gelbsucht (Signatura rerum = gelbe Blütenfarbe), Drüsenverhärtung, mangelhafter Menstruation, hartnäckigem starkem Erbrechen, Magenkrämpfen, Magengeschwüren, Fieber, Bleichsucht, Veitstanz, Blutharnen, Hämorrhoiden, allgemeiner Schwäche u. a. m. [85]. Sie wird weiter verwendet zur Behandlung von Neurasthenie, im Klimakterium, bei Leukorrhoe, als Emmenagogum und Abortivum, bei Skrofulose und Typhus, Grippe, Magen- und Zahnschmerzen usw. Innerlich gegeben soll sie u. a. Eiterungen vermeiden [86–95], ein leicht abführendes Mittel bei Gelbsucht, Magen-, Darm- und Leberleiden sein, ferner die Würmer vertreiben. Zu letzterem Zweck werden als Goldrosentee 2 bis 3 g Blütendroge auf 1 Tasse Teeaufguß mehrmals täglich eingenommen [24].

Ringelblumen werden jedoch auch in der Volksmedizin zumeist äußerlich verwendet. Hier stehen sie im Wettbewerb mit der Arnika bei der Behandlung von bösartigen Geschwüren, Ekzemen, Brandwunden, Quetschungen, Hautausschlägen, Flechten, offenen Füßen, Knochengeschwüren und Wunden aller Art [24, 58, 85–87, 91, 92]. Sie sind auch nützlich bei Krampfadern, Zahnfleischbluten, Hämorrhoiden und chronischen Geschwüren [87]. Der Tee soll gut für die Augen sein. Bienenstiche werden mit den Blüten eingerieben [7].

Die frischen Blüten – auch in Öl gelegt oder mit Weingeist ausgezogen – dienen zum Einreiben bei Anschwellungen, Geschwüren, Warzen, Hühneraugen und Brandwunden. Vom Pfarrer Kneipp wird die Salbe bei aufgesprungener Haut, Ausschlägen, Flechten, Wunden usw. empfohlen [24]. Ringelblumensalbe wird auch geschätzt bei Rissen und Wunden innerhalb der Nasenflügel, die sehr empfindlich sind und manchmal nur langsam verheilen. Ebenso bei Verletzungen im Gebiet der Fingernägel, die schmerzhaft sind. Diese sollen nach Anwendung der Salbe beinahe über Nacht heilen ([30], vgl.

5.4.1). Es wird ernsthaft die Ansicht vertreten, Calendula-Urtinktur gehöre in die Arzneilade für Erste Hilfe; zu verwenden bei Blutungen, Schnittwunden an Fingern; bei Nasenbluten in die Nasenlöcher zu geben, indem mit Calendula angefeuchtete Gaze in das blutende Nasenloch hineingeschoben wird [30].

4.3.2 Die Ringelblume in der Ethnomedizin

In Schlesien wurden die Ringelblumenblätter zerquetscht und mit Ziegenbutter vermengt. So erhielt man die berühmte Ringelrosenbutter, die, dem verdorbenen Magen aufgeschmiert, Wunder wirken sollte [6].

In der tschechischen Volksmedizin wird Calendula gegen Gelbsucht, Herzstechen, zur Regelung der Menstruation sowie als appetitanregendes und schweißtreibendes Mittel benützt. Auch soll sie, innerlich genommen, die Sehkraft stärken. Äußerlich soll der Blumensaft gegen Warzen und Krätze, eine Abkochung der frischen Blätter und Blüten gegen Flechten und bei verhärteten Drüsen helfen. Auch als Wundheilmittel ist sie dort bekannt [6].

In Litauen trinkt man den Teeaufguß bei Schwindelanfällen.

In Polen wird die Ringelblume bei Gelbsucht und Leberleiden sowie zur Wundbehandlung verwendet.

In der Steiermark dient die Salbe auch zur Förderung des Haarwuchses [6].

In der bulgarischen Volksmedizin verwendet man die Ringelblume zur Behandlung von Neurasthenie, im Klimakterium, bei Hautkrankheiten und entzündlichen Prozeßen der Mund- und Rachenhöhle einschließlich Parodontose. Meistens wird ein Infus verwendet: 2

Teelöffel Droge auf 2 Tassen kochenden Wassers. Tagesdosis: 3mal täglich 1 Weinglas voll vor den Mahlzeiten. Äußerlich: Mazerat in Olivenöl [73].

Russen und Ukrainer verwenden ein Infus der ganzen Pflanze als Hypotensivum und bei Angina [96].

Im spanischen Mittelmeerraum benützt man Calendula bei Infektionen, zur Wundbehandlung und bei Entzündungen [18, 78, 97].

Auf den Kanarischen Inseln werden die oberirdischen Teile als Spasmolytikum und als Aperitivum eingenommen [151].

In Indien und Pakistan verwendet man die Ringelblume als Bitter tonic, Diaphoretikum, Antiemetikum und Anthelminthikum. Mit dem Teeaufguß werden Krampfadern, chronische Ulzera und Wunden behandelt. Die Blätter werden Kindern, die an Skrofulose leiden, als Gemüse gegeben. Blattpulver dient als Schnupfpulver; der Pflanzensaft hilft bei Verstopfung und bei der Entfernung von Warzen. Die Blüten, insbesondere die Randblüten, braucht man zur Schmerzlinderung bei Blutergüßen, Verstauchungen, Insektenstichen usw. Eine Lotion aus den Blüten wird als Waschung nach chirurgischen Eingriffen und bei entzündeten und wunden Augen verwendet [98].

In China wird die Ringelblume bei Zahnfleischbluten empfohlen [99]. Auch dient die ganze Pflanze bei unregelmäßiger Menses [100].

Bei den Mapuche-Indianern in Südchile gelten Calendulablätter als ein Heilmittel bei Verdauungsstörungen, Magenleiden, Geschwüren und Wunden [101]. In Paraguay benützt man die zerquetschten Blätter zur Entfernung von Hornhaut und Warzen [102].

In Mexiko wird eine Abkochung der Droge (5 g Blüten und Blätter auf 1 l

Milch und auf ein Drittel eindampfen lassen) gegen Magenschmerzen als Folge von Geschwüren oder Krebs eingenommen. Die Abkochung wird auch als Emmenagogum und Beruhigungsmittel verwendet [79].

In den USA werden die Blätter in der Volksheilkunde in Form von Dekokt oder Brei angeblich als Mittel gegen Krebs und Warzen verwendet. Auch die Blüten sollen, gemischt mit Milch, als Krebsmittel dienen [87]. Angeblich benutzt man Umschläge und Abkochungen der ganzen Pflanze auch bei Brust- und Uteruskrebs, Drüsenverhärtung und Krebsgeschwüren [103]. Aus Amerika kommt auch die Nachricht, daß Calendula, gemischt mit Comfrey und Kamille, „für viele innerliche und äußerliche Anwendungen nützlich" sei. Calendula verursache keinerlei allergische Reaktionen und jeder, der sensibel auf Pflanzen reagiere, besonders Babys, werde von dieser Mischung Nutzen ziehen [104].

4.4 Homöopathie, Spagyrik

4.4.1 Homöopathie

Die Homöopathie kennt ebenfalls die äußerliche Anwendung der Ringelblume bei Wunden, während sie innerlich bei Entzündungen und entzündeten Drüsen verwendet wird. Anwendungsform und Dosierung: D2, 3× tgl. 10 Tropfen [6]. Anwendungsgebiete sind auch Hauteiterungen und schlecht heilende Wunden, Quetsch-, Riß- und Defektwunden, Erfrierungen und Verbrennungen [105]. Ferner Kiefer-, Mandel-, Ohrspeicheldrüsenentzündungen, Unterschenkelgeschwüre, Menstruationsstörungen, Bläschenausschläge, sich verschlimmernde Wunden. Anwendungsform und Dosierung: Urtinktur ∅, Dilutionen bis D30: 15 bis 50 Tropfen [33].

Innerlich und äußerlich wird sie bei rissigen frischen und alten Verletzungen und bei Ulcus cruris verwendet. Anwendungsform und Dosierung: Gebräuchliche Dil. (Tabl.) D2, D3, D4.

Zum äußerlichen Gebrauch ist Calendula extern 1 bis 2 Teelöffel auf $1/4$ l Wasser oder Calendulasalbe zu verwenden [107].

Innerlich und äußerlich nimmt man Urtinktur ∅ bis D2 bei Ulcus cruris varicosum, Amputationsstumpfnarben mit starken Schmerzen, Rißwunden und Quetschungen sowie nach Zahnextraktionen [90].

Die aus dem frischen blühenden Kraut bereitete Essenz (D2) wird innerlich bei „entzündlichen Zuständen und Anschwellung von drüsigen Organen" und bei schlecht heilenden Wunden eingesetzt [91].

4.4.2 Spagyrik

Spagyrische Arzneimittel werden so bereitet, daß die Extrakte sowohl die flüchtigen als auch die natürlichen anorganischen Bestandteile des Ausgangsmaterials enthalten ([108], vgl. 5.3.2).

Die spagyrische Essenz der Ringelblume findet nach Plastiken, Radikaloperationen der Parodontose und nach Verletzungen Anwendung.

Anwendungsform und Dosierung: 30 Tropfen der Urtinktur in $1/2$ Glas lauwarmen Wassers; stündlich einen Schluck [109].

Spagyrische Anwendung erfolgt auch als Wundheilmittel bei stark blutenden und schmerzenden Rißwunden, Gewebewunden, eiternden und schmierenden Unterschenkelgeschwüren und bei Lymphdrüsenschwellung. Anwendungsform und Dosierung: Urtinktur ∅: 15 bis 50 Tropfen einnehmen oder 15 Tropfen auf 100 ml Wasser als Kompresse auf die Wunde legen [33].

4.5 Tiermedizin

In der Tierheilkunde findet die Ringelblume wie in der Humanmedizin ebenfalls bei Wunden, Quetschungen und Blutergüssen Anwendung [1]. Sie wird auch als blutstillendes Mittel und Antiseptikum eingesetzt [30], und wird bei manchen Krankheiten, z. B. gegen den Rotlauf der Schweine und gegen die blutige Milch der Kühe, angewandt [24]. Dabei wird ihr eine „zauberhafte Wirkung" nachgesagt [110].

4.6 Medizinische Kosmetik, Hautpflege

Dank ihrer antibakteriellen Wirkung, der guten Hautverträglichkeit, der Haltbarkeit und des Aromas wegen werden Ringelblumenextrakte gerne zur Herstellung von kosmetischen Präparaten herangezogen. Der Einsatz ist auch begründet wegen der stimulierenden Wirkung auf den zellulären Metabolismus der Haut [41].

Experimentell und klinisch läßt sich nachweisen, daß kosmetische Zubereitungen mit Calendulaextrakt

● Granulation und Epithelisierung steigern,
● die Zellneubildung der Haut stimulieren,

● einen sedierenden Effekt auf empfindliche und entzündete Haut ausüben,
● sowie Blutzirkulation und Tonus der Haut verbessern [111].

Ringelblumenpräparate eignen sich deshalb zur Pflege empfindlicher, normaler und trockener Haut [37, 47, 48, 111–115]. Bei der empfindlichen Haut der Säuglinge und Kleinkinder schätzt man die milde heilende Wirkung der Ringelblume besonders [23, 111]. Calendula-Creme mit 3% Calendulaextrakt pflegt auch trockene und aufgesprungene Haut; sie verursacht keine allergischen Reaktionen [37] und findet

Verwendung als Hautschutzmittel gegen rauhe, spröde und rissige Haut sowie gegen Schrunden [45, 111, 112, 116]; sie wird deshalb auch als Arbeitsschutzsalbe für Handwerk und Industrie empfohlen [51, 117, 118]. Wegen seiner hautschützenden und hautpflegenden Wirkung setzt man Calendulaextrakt ebenfalls Haushaltsprodukten wie Handgeschirrspülmitteln, Hand- und Feinwaschmitteln und Weichspülern zu [119].

Calendulaextrakt ist auch in tonisierenden Gesichtswässern für empfindliche Haut zu finden [50, 112], in Sonnenschutzmitteln und Präparaten gegen Sonnenbrand [45, 50, 111, 112, 120], Kräuterpackungen [112], Gesichtslotionen [111, 121], After-shave-Präparaten [50] und Lippenstiften [122]. Eine Kombination aus Ringelblumen und Honig soll nach oraler Gabe vor Sonnenbrand schützen bzw. ihn heilen [123]. Eine Emulsion zum Gebrauch nach dem Baden enthält Extrakte aus Calendula und Hippophaë rhamnoides [124]. Extrakte aus Ringelblumenblüten lassen sich auch sinnvoll einsetzen in kosmetischen Badezusätzen zur Pflege der Haut. Die hautregenerierenden und -pflegenden Eigenschaften werden ebenfalls bei der Herstellung von Seifen genutzt. Wo sehr häufiges Waschen, z. B. in Arzt- und Zahnarztpraxen, notwendig ist und überall dort, wo es um möglichst schonende Reinigung trockener, gealterter und empfindlicher Haut geht, empfiehlt

sich Ringelblumenextrakt als pflegender Zusatz zu einer Seife. So enthält beispielsweise „Dr. Theiss Reine Pflanzenöl-Seife Ringelblume" Calendulaextrakt in einer natürlichen Seifengrundlage, die aus Palm- und Kokosölen hergestellt wird. Sie ist deshalb im Gegensatz zu Syndet-Seifen besonders für trockene und empfindliche Haut geeignet. Calendula-Seife soll auch Juckreiz beseitigen [6].

Ein Antiakne- und ein antiseborrhoisches Präparat enthalten u. a. 20% Calendulaextrakt. Bei Anwendung jeden Morgen und Abend einen Monat lang sollen damit gute antiinflammatorische Wirkungen erzielt werden [55]. Ringelblumenextrakt eignet sich auch als Zusatz zu Haarpflegeprodukten, wenn bei häufiger Haarwäsche ein mildes Shampoo und Pflegepräparat erforderlich ist.

Zur Herstellung von Calendula-Kosmetika haben sich Isopropylmyristat- und Propylenglykolextrakte bewährt [125, 126], insbesondere aber CO_2-Extrakte, u. a. als Zusatz zu Haarshampoos [127]. Nicht zuletzt sind auch Calendula-Zahnpasten zu erwähnen. Um den therapeutischen und prophylaktischen Effekt der Ringelblume auf das Zahnfleisch auszunutzen, wird Zahnpasten 0,03 bis 0,5% Calendulaextrakt zugesetzt [128]. Eine andere Formulierung enthält eine Kombination von Calendulaextrakt und Magnesiumcarbonat [129].

4.7 Sonstige Verwendung

4.7.1 Schönheitspflege

Die Blütenblätter der Ringelblume finden seit alters her auch in der Schönheitspflege Verwendung. Sie wurden ihrer leuchtenden Farbe wegen früher zur Herstellung von Schminken benutzt; die orangefarbenen Blüten galten wegen der stärkeren Färbung als wertvoller als die gelben [6]. Aufgüsse aus Ringelblumenblüten werden noch heute gerne zur Tonisierung der Haut benutzt.

4.7.2 Futtermittel, Landwirtschaft

Wegen ihres hohen Carotinoidgehaltes ist die Ringelblume auch als Farbstoff für Futtermittel geeignet [119–121]. Calenduladrogen oder -extrakte dienen beispielsweise der Pigmentierung von Geflügel und Eigelb [133, 134] und in der Milchproduktion [29]. Auch läßt sich die Pigmentierung von Zierfischen, besonders von tropischen Fischen, die sich in Gefangenschaft befinden, durch Zusatz von Calendula zum normalen Fischfutter steigern [135]. Die getrockneten und gemahlenen Calendulablüten werden dem Futter in einer Dosierung von 0,125 bis 0,250% beigemischt [136]. Bei der Fütterung von hydrolysiertem Calendulapulver an Hennen steigt die Bioverfügbarkeit der Carotinoide für die Eigelbfärbung um 15% [137]. Der Farbstoff kann den Blüten auch mit einem vegetabilischen Öl oder mit 50%-igem Ethanol in einer Ausbeute von 90% entzogen werden ([138], vgl.

5.1.4). Organische Lösungsmittel wie Isopropylether, Hexan oder Chloroform sind zu diesem Zweck ebenfalls geeignet [139]. Calendulablüten werden ebenfalls Carotinoidpräparaten aus anderen Pflanzen beigemischt [140]. Zur Gewinnung der Carotinoide eignet sich auch der Destillationsrückstand von der Gewinnung des ätherischen Öls. Dieser soll bis zu 4,7% Carotinoide enthalten [141].

Mit gleichviel Kochsalz vermengt, dient Calendulaextrakt als Färbemittel für Butter und Käse (im Handel als „Merliton" bezeichnet) [24].

Weniger rühmenswert ist der Mißbrauch der Calendula zur Fälschung des teuren Safrans oder zur Herstellung von Safranersatz [1, 92].

Calendulasamen haben einen hohen Gehalt an fettem Öl. Der nach seiner Extraktion zurückbleibende proteinreiche Rückstand wird gemahlen und dem Tierfutter beigegeben [142].

Im Gemisch mit Isobuttersäure und/oder Isoamyldecanoat zieht Calendulaextrakt Hausfliegen an. Diese Mischung kann in Form von Polymerpellets zur Herstellung von Insektenfallen genutzt werden [143].

4.7.3 Lebensmittel, Küche, Haushalt

Im Mittelalter wurden die fleischigen, stark duftenden Ringelblumenblätter mit Essig und Öl angemacht und als Salat genossen [24]. In England ist die Ringelblume Suppen und Kraftbrühen zugesetzt worden und verlieh den Salaten in den Tagen von Elisabeth I. Farbe [30].

In unseren Tagen werden „marigold sandwiches" aus Calendulablüten, Sesam, Mayonnaise und Käse in den USA als Gesundheitskost empfohlen [144]. Auch das Rezept eines pikanten Ringelblumenquarks hat Eingang in die gesundheitsbewußte deutsche Küche gefunden [145].

Bei der Eröffnung der Ausstellung „Rund um die Ringelblume – Calendula, eine traditionelle Heilpflanze" am 29. Juni 1991 im Botanischen Garten der Universität des Saarlandes in Saarbrücken fanden ein eigens für diesen Zweck geschaffener Ringelblumen-Quarkkuchen und ein Ringelblumen-Cocktail großen Beifall. Die Rezepte waren von Frau Barbara Theiss aus Homburg/Saar kreiert worden. Hier das Rezept des schmackhaften Ringelblumen-Cocktails:

Zutaten: 3 Eßl. getrocknete Ringelblumenblüten, 1/4 l guter Pfirsich-Saft oder Saft aus Pfirsichen und weißen Trauben (Vitaborn aus dem Reformhaus), 4 Eßl. Pêcher Mignon (leichter Aperitif aus weißem Pfirsich), 2 Pfirsiche.

Zubereitung: Die reifen Pfirsiche waschen, entkernen und in Spalten schneiden. In einem Eßl. Pfirsich-Likör marinieren und zugedeckt einige Stunden ziehen lassen.

3 Eßl. Ringelblumenblüten mit 1 l kochend heißem Wasser überbrühen, 5 min ziehen lassen, abseihen. Den Tee kaltstellen.

Dann Tee, Saft und Pfirsich-Likör mischen und in Gläser gießen. In jedes Glas 1 bis 2 marinierte Pfirsichspalten legen und ein weiteres Pfirsichstück an den Glasrand stecken.

4.7.4 Aberglaube, Esoterik, Alchemie

Im Volksglauben hat die Ringelblume in allen Ländern und zu allen Zeiten die Phantasie beflügelt [6]. Vielfach wurde die Ringelblume – und wird vielleicht mancherorts noch heute – zur Bereitung von Liebesträuken benutzt (vgl. 1.4.1). Das Einpflanzen der Ringelblume in die Fußspur des Geliebten sollte diesen an das Mädchen binden. Auch sollten zum gleichen Zweck Ringelblumenwurzeln am Leib getragen werden. In Frankreich werden allerdings Ehemänner, welche die Ringelblume lieben, leicht „cocu" [24]. Die im Volk noch heute bekannte leicht aphrodisierende Wirkung soll übrigens auf das ätherische Öl zurückzuführen sein [146, 147]. So wundert es schließlich nicht, daß auch die astrologische Zuordnung der Ringelblume heute noch Interesse findet [33].

Dem Erzherzog Joseph zufolge hat die Ringelblume noch etwas Praktisches: Wenn die Blume morgens nach sieben Uhr geschlossen ist, dann regnet's an diesem Tag gewiß; geht sie aber zwischen sechs und sieben Uhr auf, so regnet es ganz gewiß nicht [148].

Esoterischer Denkweise entsprechend werden die spagyrischen Heilmittel ausgewählt, die auf alchemischer Tradition beruhen ([149], vgl. 5.3.2).

Literatur

[1] Dörfler F., Roselt G. (1976), Unsere Heilpflanzen, Urania-Verlag, Leipzig, Jena, Berlin, S. 82.
[2] Hildegard von Bingen (1990), Heilwissen „Causae et Curae", Pattlochverlag, Augsburg.
[3] Hildegard von Bingen (1991), Heilkraft der Natur „Physica", Pattloch-Verlag, Augsburg.
[4] Scheffer J. J. C. (1979), Pharm. Weekbl. 114 : 1149–1157.
[5] Leonhard Fuchs (1543), New Kreütterbuch, Getruckt zu Basell durch Michael Isingrin.
[6] Madaus G. (1938), Lehrbuch der biologischen Heilmittel, Bd. I, Georg Thieme Verlag, Leipzig.
[7] Adamus Lonicerus (1564), Kreuterbuch, S. 165; zit. nach [6].

[8] Hieronymus Bock (1577), New Kreutterbuch, S. 53.
[9] Matthiolus (1560), Commentaria in Dioscoridem, Ed. Valgris, S. 628; zit. nach [6].
[10] Weinmann J. W. (1737), Phythantoza iconographica, Bd. 2, Regensburg, S. 22; zit. nach [6].
[11] v. Haller (1755), Medicin Lexicon, S. 263; zit. nach [6].
[12] Kneipp (1935), Das große Kneippbuch, S. 959; zit. nach [6].
[13] Osiander Volksarzneymittel, S. 502 u. 509; zit. nach [6].
[14] Hufeland Enchir med., S. 188; zit. nach [6].
[15] Westring J. P. (1817), Erfahrungen über die Heilung von Krebsgeschwüren, aus dem Schwedischen übersetzt von Sprengel; zit. nach [6].
[16] Lebert H. (1851), Traité pratique des maladies cancéreuses et des affections curables confondues avec le cancer, Paris, S. 538; zit. nach [6].
[17] Bougard (1882), Études sur les cancer, Paris, S. 908; zit. nach [6].
[18] Paris R. R., Moyse H. (1971), Précis de Matière médicale Bd. 3, Masson & Cie., Paris.
[19] Clarus (1860), Handbuch der spec. Arzneimittel, S. 935; zit. nach [6].
[20] Potter H. (1898), Mat med, S. 203; zit. nach [6].
[21] Treben M. (1984), Gesundheit aus der Apotheke Gottes, Verlag Wilhelm Ennsthaler, Steyr.
[22] Theiss B., Theiss P. (1989), Gesünder leben mit Heilkräutern, Wilhelm Heyne Verlag, München, S. 293.
[23] NN (1990), Weleda-Nachrichten Heft 178, S. 8.
[24] Conert H. J., Hamann U., Schultze-Motel W., Wagenitz G. (Hrsg.), 1987). Hegi G., Illustrierte Flora von Mitteleuropa – Spermatophyta Bd. VI, 2. Aufl. Paul Parey Verlag, Berlin, Hamburg.
[25] Monographie der Kommission E beim Bundesgesundheitsamt, BAnz. Nr. 5, v. 13. 3. 1986.
[26] Karl J. (1983), Phytotherapie 4. Aufl., Verlag Tibor Marczell, München.
[27] Hänsel R., Haas H. (1983), Therapie mit Phytopharmaka, Springer-Verlag, Berlin, Heidelberg, New York, Tokyo, S. 270.
[28] Madaus G. (1976), Lehrbuch der biologischen Heilmittel, Georg Olms Verlag, Hildesheim, New York, S. 89.
[29] El-Gengaihi S., Abdallah N., Sidrak I. (1982), Pharmazie 37 : 511–514.
[30] Shepherd D. (1985), Volksheilkunde 284–294.
[31] Standarzulassungen (1986), Zul.Nr. 1209.99.99.
[32] Langerfeldt J. (1984), hgk-Mitteilungen 27 : 19–23.
[33] Heinz U. J. (1984), Das Handbuch der modernen Pflanzenheilkunde, Verlag Hermann Bauer, Freiburg i.Br.
[34] Makauskas I., Soler B., Gonzalez R., Fernandez L. (1981), Rev. Cub. Farm 15 : 78–82.
[35] Coimbra R. (1958), Notas de Fitoterapia, 2ª Ed., Laboratorio Clinico Silva Araujo, Rio de Janeiro.
[36] Marini D., Ranucci G. (1984), Il Prodotto Chimico 25 : 4–9.
[37] Russo M. (1972), Riv. Ital. EPPOS 54 : 740–743.
[38] Vidal-Ollivier E., Babadjamian A., Maillard C., Elias R., Balansard G. (1989), Pharm. Acta Helv. 64 : 156–158.
[39] Giroux M. J., Beaulaton S., Boyer M. G. (1951), Bull Soc Pharm Montpellier 11 : 47–49.
[40] Bild J. (1955), Austrian 181, 690, Apr. 12, 1955; zit. nach C. A. 49 : 7816.
[41] Vidal-Ollivier E. (1988), Thèse de Doctorat en Science, Université d'Aix-Marseille.
[42] Leclerc H. (1973), Précis de Phytopharmacie, Masson, Paris, S. 229.

[43] Feier V., Wohlrapp E., Costea Gh., Stanciu N., Radcov G., Dop I. (1983), Dermato-venerologia 28 : 299–302.
[44] Fidi A., Erbe e piante medicinali, Casa editrice Armando Gorlini, Milano; zit. nach [45].
[45] Proserpio G. (1974), Riv Ital EPPOS 56 : 39–54.
[46] Schleihauf W. (1935), Hippokrates 896–898.
[47] Fey H., Otte I. (1985), Wörterbuch der Kosmetik, Wissenschaftliche Verlagsgesellschaft mbH, Stuttgart, S. 32; zit. nach [48].
[48] Steinegger E., Hänsel R. (1988), Lehrbuch der Pharmakognosie und Phytopharmazie, 4. Aufl., Springer-Verlag, Berlin, Heidelberg, New York, London, Paris, Tokyo.
[49] Ghosh A. (1978), Brit Homeopath J. 67 : 121–123.
[50] Proserpio G., Pirro C. (1974), Riv Ital EPPOS 56 : 473–475.
[51] Dietrich G. J. (1936), Zahnheilkunde 16 : 6; zit. nach [106].
[52] Hoppe H. A. (1975), Drogenkunde 8. Aufl., Walter de Gruyter Verlag, Berlin, New York.
[53] Leclerc H. (1933), Presse médicale 11. 11. 1933; zit. nach [75].
[54] Turova A. D. (1974), Medicina 218–222.
[55] Broutin H. J. (1971), Fr. Demande 2, 077, 789, 10. Dec. 1971.
[56] Bezanger-Beauquesne L., Pinkas M., Tork M. (1985), Les plantes dans la therapeutique moderne, Maloine, Paris; zit. nach [41].
[57] Erfahrungsbericht Dr. Nadji v. 4. 9. 1989.
[58] British Herbal Pharmacopoeia (1983), British Herbal Medicine Association, Megaron Press, Bournemouth.
[59] Greif G. (1933), Dtsch. Z. Homöop. 12 : 43–47; zit. nach [106].
[60] Kolenko A. B. (1961), Oftalmolog Žurnal (Odessa), 16 : 29–32.
[61] Braun H., Frohne D. (1987), Heilpflanzen-Lexikon für Ärzte und Apotheker, 4. Aufl., Gustav Fischer Verlag, Stuttgart, New York.
[62] Münch W. (1939), Dtsch. Z. Homöop. 18 : 44; zit. nach [106].
[63] Zimmermann F. (1959), Med. Klin. 422–424.
[64] Dorn M. (1989), Klinisches Gutachten Dr. Theiss Ringelblumensalbe v. 5. 7. 1989.
[65] Arbeits- und Forschungsgemeinschaft für Arzneimittelsicherheit e. V., Kontrollierte Einfachblindstudie Dr. Theiss Ringelblumensalbe, Bericht v. 15. 1. 1992.
[66] Schwarz H. (1929), Heil- und Gewürzpflanzen, 12 : 1; zit. nach [116].
[67] Erfahrungsbericht Brüderkrankenhaus Saffig, Geriatrische Station (Chefarzt Dr. E. Schäfgen), v. 18. 7. 1988.
[68] Kosch A. (1939), Handbuch der Deutschen Arzneipflanzen, Berlin; zit. nach [72].
[69] Mauermann F. (1950), Dtsch. Drogisten-Ztg. 5 : 283; zit. nach [72].
[70] Ripperger W. (1937), Grundlagen zur praktischen Pflanzenheilkunde, Stuttgart; zit. nach [72].
[71] Schulz H. (1929), Wirkung und Anwendung der deutschen Arzneipflanzen, Leipzig; zit. nach [72].
[72] Luckner M., Bessler O., Luckner R. (1969), in: Jung F., Kny L., Poethke W., Pohloudek-Fabini R., Richter J. (Hrsg.), Kommentar zum Deutschen Arzneibuch 7. Ausgabe, Akademie-Verlag, Berlin.
[73] Petkov V. V. (1988), Sovremennaja Fitoterapija, Medicina i Fizkultura, Sofia.
[74] Gasiorowska I., Jachimowicz M., Patalas B., Mlynarczyk A. (1983), Czas Stomat 36 : 307–311.
[75] Schindler H. (1955), Inhaltsstoffe und Prüfungsme-

thoden homöopathisch verwendeter Heilpflanzen, Editio Cantor, Aulendorf i. Württ., S. 45.

[76] Cakarski I., Matev M. (1981), Vutr Boles 20: 51.

[77] Cakarski I., Matev M. (1981), Vutr Boles 20: 44–47.

[78] Font Quer P. (1981), Plantas Medicinales, Editorial Labor, Barcelona – Madrid – Bogotá – Buenos Aires – Caracas – Lisboa – Quito – Rio de Janeiro – Mexico – Montevideo.

[79] Martinez M. (1959), Las Plantas Medicinales de Mexico 4ª ed., Ediciones Botas, Mexico, p. 457.

[80] Turova A. D., Nikolskaja B. Ss. (1956), Med Ind UdSSR 10, Nr. 4; zit. nach [86].

[81] Kabisch M. (1964), AHZ 209: 327; zit. nach [106].

[82] Wagner H. (1983), Immunstimulants of Fungi and Higher Plants. In: Krogsgaard-Larsen P., Brøgger Christensen S., Kofod H. (eds.), Natural Products and Drug Development, Munksgaard, Copenhagen, p. 394.

[83] Nadkarni K. M. (1976), Indian Materia Medica Vol I, Popular Prakashan, Bombay, p. 234.

[84] Peyroux J., Rossignol, P., Delaveau, P. (1981), Plant méd phytothér 15: 78–82.

[85] Kroeber L. (1948), Das neuzeitliche Kräuterbuch Bd. I, Hippokrates-Verlag Marquardt & Cie, Stuttgart.

[86] Auster F., Schäfer J. (1958), Arzneipflanzen, VEB Georg Thieme, Leipzig.

[87] Duke J. A. (1986), Handbook of Medicinal Herbs, CRC Press, Boca Raton.

[88] Seel H. (1944), Die Dtsch. Heilpflanze S. 17; zit. nach [86].

[89] Yumov I. (1935), Bulgarische Volksmedizin, S. Chemis; zit. nach [73].

[90] Lindemann G. (1982), Naturheilpraxis 880–881.

[91] Gessner O., Orzechowski G. (1974), Gift- und Arzneipflanzen von Mitteleuropa 3. Aufl., Carl Winter Universitätsverlag, Heidelberg, S. 276.

[92] List P., Hörhammer L. (Hrsg.), Hagers Handbuch der Pharmazeutischen Praxis 4. Aufl., Bd. 3, Springer-Verlag, Berlin – Heidelberg – New York.

[93] Uphof J. C. Th. (1968), Dictionary of Economic Plants, 2ᵈ ed., Verlag von J. Cramer, Lehre.

[94] Stahl E. (1962). In: Karsten-Weber-Stahl, Lehrbuch der Pharmakognosie 9. Aufl., Gustav Fischer Verlag, Stuttgart, S. 353.

[95] Gracza L. (1987), Planta Med 53: 227.

[96] Moskalenko S. A. (1987), J. Ethnopharmacol. 21: 231–251.

[97] Darias V., Bravo L., Barquin, E., Martin Herrera, D., Fraile, C. (1986), J. Ethnopharmacol. 15: 169–193.

[98] Dastur J. F. (1962), Medicinal Plants of India and Pakistan, DB Taraporevala, Bombay.

[99] Roi J. (1955), Traité des Plantes Médicinales Chinoises, Paul Lechevalier, Paris.

[100] Kong Y. C., Xie J. X., But P. P. H. (1986), J. Ethnopharmacol. 15: 1–44.

[101] Houghton P. J., Manby J. (1985), J. Ethnopharmacol 13: 89–103.

[102] Gonzalez Torres D. M. (1980), Catálogo de Plantas Medicinales usadas en Paraguay, Asunción.

[103] Hartwell J. L. (1967–1971), Plants used against cancer. A survey, Lloydia, p. 30; zit. nach [87].

[104] Rose J. (1972), Herbs and Things, Grosset & Dunlap, New York, p. 323; zit. nach [87].

[105] Wiesenauer M. (1987), Homöopathie für Apotheker und Ärzte, Deutscher Apotheker Verlag, Stuttgart.

[106] Spaich W. (1977), Moderne Phytotherapie, Karl F. Haug Verlag, Heidelberg, S. 215.

[107] DHU (1983), Homöopathisches Repetitorium, Karlsruhe.

[108] Auterhoff H. (1981), Wörterbuch der Pharmazie Bd. 1, Pharmazeutische Biologie, Pharmazeutische Chemie, Pharmazeutische Technologie, Wissenschaftliche Verlagsgesellschaft mbH, S. 467.

[109] Harms H. (1950), Zahnärztl. Rdsch. 2014: 144–149.

[110] Wolf H. G. (1959), DHM 10: 349–359; zit. nach [106].

[111] Avramova S., Portarska F., Apostolova B., Petkova S., Konteva M., Tsekova M., Kapitanova T., Maneva K. (1988), MBI Med. Biol. Inf. 4: 28–32.

[112] Schneider W., Frey A. (1970), Drogenkunde und Wirkstoffgruppen, Darmstadt; zit. nach [32].

[113] Kurowska A., Kalemba D., Gora, J. (1980), Polle-na-TSPK 24: 64–73.

[114] Gora J., Kalemba D., Kurowska A., Swiatek L. (1980), Herba Hungar 1: 165–171.

[115] Rovesti P., Curri B., (1978), Rev. Ital. EPPOS 60: 360; zit. nach [41].

[116] Vollmann H. (1967), Dissertation Universität des Saarlandes, Saarbrücken.

[117] Siska K., Barankova E., Varga I. (1991), Proc. Int. Conf. Štrbke Pleso ČSFR June 4–7, 1991.

[118] Haehl E. (1939), Dtsch. Z. Homöop. 18: 50–59.

[119] Ohrmann R. (1991), Dragoco-Report 67–76.

[120] Häusermann O. (1957), Austrian 198, 430 v. 20. 12. 1957.

[121] Yankovskaya S. A., Kokovskaya N. F., Molodtsova A. D., Ryzhova V. I., Markarova R. V. (1970), USSR 285, 167; zit. nach CA 74: 115809.

[122] Constantinesca M. (1978), Rom 63, 709, 30. Jun. 1978.

[123] Aubin M. F. (1977), Ger. Offen 2, 720, 420, 1. Dec. 1977; zit. nach CA 88: 65996.

[124] Speteanu R., Brad I., Petrescu M., Silva F. (1977), Rom 62, 716; zit. nach CA 92: 99461.

[125] Kurowska A., Kalemba D., Gora J. (1984), Polle-na-TSPK 28: 17–20.

[126] Diemunsch A. M., Mathis C. (1980), Labo-Pharma Probl. Tech. 28: 55–63.

[127] Getmanskij I. K., Kudriacov A. I. (1969), Mazlozirovaja Prom. 5: 25; zit. nach [113].

[128] Prokopchuk A. F., Fedorov Y. u. A., Vasilenko E. I., Koren V. N., Alekseeva G. I. (1971), USSR 290, 755; zit. nach CA 74: 146418.

[129] Boiceanu V., Fullajtar I. M., Sava C. G., Bedo, E., Murculescu, A., Bretoiu, M., Rautia, P. (1989), Ro. 86: 126251, 29. Dec. 1986; zit. nach CA 26: 237592.

[130] Shteinbok S. (1965), Krasnodar 1: 142–144.

[131] Quackenbush F. (1972), J. Ass. Off. Anal. Chem. 55: 617–621; zit. nach CA 77: 31565.

[132] Philip T., Weber G. (1976), J. Food Sci. 41: 23–25; zit. nach CA 84: 72904.

[133] Kovac J., Oravec V., Muranska A., Pecarova A. (1991), Proc. Int. Conf. Štrbske Pleso ČSRF June 4–7, 1991.

[134] Guenther E., Carlson W. (1973), Poult Sci. 52: 1787; zit. nach BA 57: 63386.

[135] Cinquemani R. (1980), US 4, 239, 782, 16. Dec. 1980; zit. nach CA 94: 80691.

[136] Lackey G. D. (1966), Ger. 1, 224, 597, Sept. 8, 1966.

[137] Coon C. N., Couch J. (1976), Poult. Sci. 55: 841–847; zit. nach CA 85: 61757.

[138] Shteinbok S. (1958), Sbornik 428–430; zit. nach CA 54: 18963.

[139] Grant P. (1970), US 3, 523, 138, 4. Aug. 1970; zit. nach CA 73: 86767.

[140] Kerimov Y. u. B., Kasumov M. A., Kuliev B. M., Gadzhiev V. D., Mamedova S. A. (1981), USSR SU 876, 686, 30. Oct. 1981; zit. nach CA 96: 87028.

[141] Kasumov M. A. (1991), Pishch Prom-st (Moscow), 57–60; zit. nach CA 115: 206446.

[142] Saleem M., Zaka S., Shakir N., Khan S. A. (1986), Fette Seifen Anstrichmittel 88: 178–180.

[143] Wilson R. A., Butler J. F., Withycombe D., Mookherjee B. D., Katz I., Schrankel K. R. (1991), US 4988507; zit. nach CA 114: 223545.

[144] Rose J. (1979), Herbal Guide to Inner Health, Grosset & Dunlap, New York, p. 239; zit. nach [87].

[145] NN (1991), Hanauer Anzeiger v. 26. 9. 1991.

[146] Süssenguth A. (1944), Die deutsche Heilpflanze 10: 21; zit. nach [147].

[147] Gildemeister E., Hoffmann Fr., Treibs W. (1961), Die Ätherischen Öle 4. Aufl., Akademie-Verlag, Berlin.

[148] Erzherzog Joseph (1903), Atlas der Heilpflanzen des Prälaten Kneipp, Faksimile-Ausgabe, Welt-bild-Verlag, Augsburg 1987.

[149] Helmstädter A. (1989), Dtsch. Apoth. Ztg. 129: 2335–2339.

[150] Naves I. (1974), Technologie et chimie des parfums naturels, essences concrètes, resinoides, huile et pomades aux fleurs, Masson & Cie., Paris; zit. nach [111].

[151] Rios J. L., Recio M. C., Villar A. (1987), J. Eth-nopharmacol. 21: 139–152.

[152] ESCOP – European Scientific Cooperative for Phytotherapy (1992). Proposals for European Mo-nographs, Vol. 3, Meppel, The Netherlands.

5 Pharmazie der Ringelblume

Neben den traditionellen Zubereitungsformen wie Teeaufguß, Tinktur und Fluidextrakt haben – vor allem in der Kosmetik – auch hydroglykolische und ölige Auszüge als Grundstoffe Eingang in die Galenik gefunden. Eine zweckmäßige und wirkstoffreiche Form ist der Kohlendioxidextrakt, der sich besonders zur Herstellung der Ringelblumensalbe, aber auch für kosmetische Zubereitungen eignet.

Zur Identitätsprüfung dient vor allem der Nachweis der Isorhamnetinglykoside. Als wertgebende Bestandteile sollten in erster Linie Faradiolester und Carotinoide quantitativ bestimmt werden.

5.1 Zubereitungen aus Calendulae flos

5.1.1 Wäßrige Auszüge

Der Teeaufguß wird meist innerlich verwendet, z. B. als Emmenagogum, gelegentlich aber auch äußerlich, z. B. in der Wundbehandlung und in der Schönheitspflege. Der im Verhältnis 1:10 heiß hergestellte Aufguß hat einen Extraktgehalt von 3,3% gegenüber 2,9% bei kalter Zubereitung; geschmacklich ist selbst der im Verhältnis 1:50 hergestellte Tee bitter und gerade noch trinkbar. 1 Teelöffel voll Blüten wiegt 0,9 g. Der Tee wird zweckmäßigerweise heiß unter Verwendung von einem reichlichen Teelöffel voll Blüten auf ein Teeglas hergestellt [1].

Für ein Ringelblumen-Seifenbad bei Nagelbettentzündung wird 1 Eßlöffel voll Schmierseife in $1/4$ l mäßig warmem Wasser aufgelöst, der Ansatz mit 2 gehäuften Teelöffeln Ringelblumenblüten versetzt, etwa 3 bis 5 min lang gekocht und abgeseiht. Der entzündete Finger wird in diesem Aufguß etwa 10 min lang so heiß gebadet, wie man es vertragen kann [2].

5.1.2 Hydroethanolische Auszüge

5.1.2.1 Calendula-Tinktur

Calendula-Tinktur wird entweder durch Mazeration oder durch Perkolation im Verhältnis 1:5 oder 1:10 hergestellt.

Beispielsweise werden 10 g Calendula-blüten (ohne Kelch) mit 100 g Ethanol (50%) 14 Tage lang stehen gelassen, des öfteren umgeschüttelt, dann filtriert [3].

Durch Perkolation gewinnt man Calendula-Tinktur, indem man 200 g gepulverte Ringelblumen mit 80 g Ethanol (92,3 Gew.%) durchfeuchtet und zunächst ohne Pressung in den Perkolator bringt, die Masse nach 6 Stunden sehr fest eindrückt, die nötige Menge Ethanol zugibt und nach weiteren 24 Std. mit Ethanol 1000 ml abperkoliert [4]. Nach einem anderen Verfahren läßt man die unzerkleinerte Droge zunächst 24 Std. mazerieren und perkoliert dann bis zu einem Verhältnis von 1:10. Im Vergleich zur Extraktion mit 96%igem Ethanol erzielt man mit 70%igem Ethanol zwar einen etwas geringeren Carotinoidgehalt, aber einen höheren Gehalt an phenolischen Substanzen [5].

Calendula-Tinktur kann auch durch Verdünnen von 1 Teil Fluidextrakt mit 4 Teilen Ethanol hergestellt werden [6].

Die nach dem einen oder anderen Verfahren hergestellte Tinktur ist von gelbgrüner Farbe, erst süßlichem, dann leicht bitterem Geschmack und süßlich angenehmem Geruch [7]. Vor Licht geschützt ist sie etwa 3 Jahre haltbar.

5.1.2.2 Calendula-Fluidextrakt

Calendula-Fluidextrakt wird in üblicher Weise nach DAB 10 hergestellt, indem man aus 1 Teil Droge zunächst 1 Teil Perkolat gewinnt, den Drogenrückstand nach 2 Tagen auspreßt, Preßflüssigkeit und Perkolat vereinigt, 5 Tage bei einer Temperatur unterhalb 15°C stehen läßt und filtriert. D^{19}: 1,0568; Extraktivstoffe: 13,12%, Asche: 1,5%; Farbe: himbeerrot; Geschmack: aromatisch-bitter, salzig, etwas zusammenziehend; Geruch: aromatisch [8]. Nach Nat. Form.

wird Calendula-Fluidextrakt aus dem gepulverten blühenden Kraut mit einem Gemisch aus 2 Vol. Ethanol (92,3 Gew.%) und 1 Vol. Wasser zubereitet [4].

Durch 24stündige Mazeration der unzerkleinerten Droge mit 70%igem Ethanol und anschließende Perkolation bis zum Verhältnis 1:1 erhält man einen Fluidextrakt mit folgenden Konstanten: pH: 5; D: 1,00; n: 1,39–1,40; Extraktivstoffe: 25–30%, Alkohol: 55–60% [5].

5.1.2.3 Frischpflanzenauszüge

Stabilisierte ethanolische Auszüge erhält man durch schnelles Gefrieren (≤ 30 s) der frisch geernteten Pflanzenteile auf −110°C durch Eintauchen in flüssiges N_2 oder CO_2, anschließender Zerkleinerung auf ≤300 µm bei −50°C und extraktiver Mazeration (≤ 12 h) bei gleichzeitiger Zerkleinerung auf ≤ 100 µm. Der Rückstand wird abzentrifugiert und der Extrakt lichtgeschützt gelagert [9].

5.1.3 Hydroglykolische Extrakte

Zur Herstellung von Kosmetika werden vorwiegend hydroglykolische Pflanzenextrakte verwendet. Glykole haben ein breites Extraktionsvermögen sowohl bei hydrophilen Inhaltsstoffen wie Gerbstoffen, Flavonoiden, Schleim usw., als auch gegenüber lipophilen Substanzen wie Carotinoiden, ätherischen Ölen und den Vitaminen A und D. Auch die bakteriostatischen Eigenschaften der Glykole, welche die Haltbarkeit der Pflanzenextrakte verbessern, sind nicht zu vernachlässigen [10]. Extrakte für die Schönheitspflege enthalten fast alle ein hydroglykolisches

Lösungsmittel mit einem mehr oder weniger großen Anteil an Glykolen [11].

Mit Glykolen hergestellte Calendula-Extrakte sind beispielsweise Bestandteil von Gesichtslotionen, Badeemulsionen, Seifen und Präparaten gegen Hautrötung und Sonnenbrand [12, 13]. Sie werden ferner für Haartonika, Shampoos und Spülungen, insbesondere für fettiges Haar, helles Haar und kastanienbraunes Haar empfohlen. Bei den Hautprodukten werden Feuchtigkeitscremes, Reinigungscremes, Augenpräparate, Bade- und Fußpräparate bevorzugt. Calendula-Extrakt soll für Menschen mit empfindlicher, trockener und fettiger Haut geeignet sein.

Glycerol hat, bezogen auf den Flavonoidgehalt der Calendulablüten, ein schwaches Extraktionsvermögen. Auch hemmt es kaum das Keimwachstum während der Mazeration oder der Perkolation. Polyethylenglykol (PEG) 400 erlaubt die Gewinnung sehr konzentrierter Extrakte. Allerdings können sich bei längerer Mazeration Bakterienkulturen bilden. Mit Propylenglykol und mit Diethylenglykol lassen sich dagegen ausreichend stabile und konzentrierte Extrakte gewinnen [10]. Den höchsten Gehalt an Flavonoiden und phenolischen Derivaten erzielt man mit einem Glykol-Wasser-Gemisch (1:1). Für eine erschöpfende Extraktion benötigt man eine Mazeration von mindestens 12 Tagen. Hinzu kommen Zentrifugieren bzw. Abpressen und Filtrieren. Die Perkolation nimmt etwa 5 bis 6 Tage in Anspruch. Abpressen und Filtration sind nicht notwendig.

Bei der Turboextraktion ist die Temperatur der limitierende Faktor. Oberhalb von 40°C, die nach etwa 5 min erreicht werden, tritt eine Zersetzung der wertgebenden Inhaltsstoffe ein [10].

Handelsübliche Zubereitungen auf Glykolbasis sind beispielsweise Extrapone® (Dragoco), Phytogreens® und Phytélénes® (Vernin) sowie Vegetole® (Gattefossé). Hydrolysate bestehen aus hydrolysierten und stabilisierten Extrakten von frischen oder trockenen Pflanzenteilen. Vegebios enthalten 10%, Glycolysate wenigstens 50% Propylenglykol. Ultralysate werden aus Frischpflanzen mit Hilfe von Ultraschallgeräten hergestellt [10]. Die folgenden Angaben beruhen auf Produktinformationen der Herstellerfirmen:

Phytelene EG 003-Ringelblume „Phytochim/Lehmann & Voss & Co." ist löslich in Wasser und 60%igem Alkohol; beim Verdünnen mit reinem Alkohol entsteht eine Opaleszenz. Spezifikation: pH-Wert: 5,0–6,8; D: 1,020–1,045; Trocknungsverlust: 0,35–1,0%; n: 1,375–1,395; Propylenglykol: 47,5–52,5%.

HP („High Performance")-Herbasol „Cosmetochem" ist ein hydroglykolischer Extrakt aus getrockneten Calendulablüten (DEV = 1:2) mit folgenden Konstanten: D: 1,060–1,076; n: 1,393–1,405; pH: 5,0–6,3; Extraktivstoffe: 7,5–11%; Propylenglykol 50%; Flavonoide: mind. 30 mg%, berechnet als Hyperosid; Konservierungsstoffe: 0,2% Methyl/Propylparaben (2:1) +0,2% Kaliumsorbat. Klar löslich in Wasser und Tensiden, trübe in Alkohol.

Marigold-Extrakt „Sochibo/Interorgana" ist ein hydroglykolischer Extrakt aus den getrockneten Blütenköpfchen (DEV = 1:30); 10% sind in Wasser klar, in Alkohol (96% V/V) opalisierend löslich. D^{20}: 1,030–1,050; n^{20}: 1,370–1,390; Wasser: 45,0–55,0%; Trockenrückstand (3 Std./100–105° C): 0,60–1,20% (W/V); pH (10% in Wasser): 4,7–5,7; DC: Identifizierung der Polyphenole einschließlich der Flavonoide; Haltbarkeit: 3 Jahre.

Calendula-Hydroglykolextrakt „William Ransom" ist eine klare, orangebraune Flüssigkeit, die ohne weitere Additive durch Extraktion mit Propylenglykol und Wasser hergestellt wird. 1 Teil Extrakt entspricht 0,5 Teilen Calendulablüten. D^{20}: 1,020–1,060; n_D^{20}: 1,370–1,390. Propylenglykol: 38–42 Gew.%; Extraktivstoffe: mind. 1,0% W/V.

Cremogen Marigold „Haarmann & Reimer" ist ein Propylenglykolextrakt (DEV = 1:10) mit einem Gemisch aus 1,2-Propandiol und Diethylenglykolmonoethylether/Wasser als Lösungsmittel. Es enthält als Konservierungsmittel eine Mischung aus Methyl- und Propylparaben. n_D^{20}: 1,394–1,397, D_{25}^{25}: 1,049–1,051; Trocknungsverlust (2 h, 120°C): 2,4–2,9%; pH: 3,9–4,9; Viskosität: ca. 10 mPa·s. Löslich in Wasser, verdünntem Alkohol von 5 bis 60 Vo.% und in verdünnten Tensidlösungen.

Vegetol Calendula MCF 774 „Gattefossé" wird definiert als hydroglykolischer Pflanzenextrakt, gewonnen durch längere Mazeration von Ringelblumenblüten. Der Extrakt ist in Wasser löslich und in „interesterifizierten" Ölen (Typ Labrafil®) dispergierbar. pH 6± 1, d_4^{20}: 1,045 ± 0,015; n_D^{20}: 1,395 ± 0,005; Trokkenrückstand: 0,5–2,5%.

5.1.4 Ölige und öllösliche Auszüge (vgl. 5.4.2)

Ölige bzw. öllösliche Auszüge finden als „Calendula-Öl" oder unter einer Markenbezeichnung in öligen oder emulgierten Kosmetika wie Sonnenschutzölen, Handcremes, Babycremes und zahlreichen anderen Körperpflegemitteln Verwendung. Die Konzentration in kosmetischen Zubereitungen beträgt 3 bis 10%. Die folgenden Angaben beziehen sich auf Produktinformationen der Hersteller:

Calendula-Öl „Henry Lamotte" wird auf der Basis von Erdnuß-, Mandelbzw. Sojaöl hergestellt und ist eine lachsfarbene, klare Flüssigkeit mit leicht heuartigem Geruch und Geschmack. Es ist mit 0,15% natürlichem Vitamin E stabilisiert.

Ein mit Sojaöl und Tocopherol als Stabilisator hergestellter öllöslicher Auszug ist das *Calendulaöl Monarom®* „Novarom". Das Produkt wird unter Stickstoff abgefüllt („Nitrogen taped") und ist verschlossen und unter kühlen Bedingungen ca. 1 Jahr lang haltbar. D^{20}: 0,915–0,930; n^{20} 1,470–1,480, SZ: unter 5; EZ; 175–195; VZ 180–200.

Die öllöslichen Bestandteile der Calendulablüten sind auch im *Phytoconcentrol Calendula öllöslich „Dragoco"* enthalten. „Phytoconcentrole" sind eine Handelsbezeichnung für aus Pflanzen gewonnene und nachbehandelte Extrakte, die für die Herstellung kosmetischer Mittel bestimmt sind [14]. Die Pflanzen werden bei Temperaturen unter 40°C extrahiert; der Extrakt wird in Sojaöl gelöst [15]. Phytoconcentrol Calendula ist mit einem Antioxidans stabilisiert, 1 kg entspricht ca. 150 g Blüten. Konstanten: D_4^{20}: 0,917–0,023; n_D^{20}: 1,471–1,477; Leitsubstanz: Carotinoide; sie werden spektralphotometrisch nachgewiesen und absorbieren im sichtbaren Bereich als Bandenkomplex zwischen 350 nm und 500 nm. Das Absorptionsmaximum liegt bei 423 nm.

Calendulaöl „Dragoco" wird ebenfalls mit einem fetten Öl aufbereitet. Es enthält die öllöslichen Bestandteile wie ätherisches Öl und Carotinoide. 1 kg entspricht ca. 60 g Blüten und hat die gleichen chemisch-physikalischen Konstanten wie Phytoconcentrol Calendula.

Calendulaöl CLR „Chemisches Labo-

ratorium Dr. Kurt Richter" enthält die lipoidlöslichen Bestandteile der Calendulablüten in einem Pflanzenöl-Medium. Die Blüten werden nach einem schonenden Verfahren aufgeschlossen und mit Sojaöl extrahiert. Das Öl ist gegen Ranzidität stabilisiert (DEV = 1:10). VZ: 188–195, Jodzahl: 135–140; Reichert-Meißl-Zahl: 0,45–0,75; D^{20}: 0,918–0,922; n^{20} ca. 1,474.

Vegetol Calendula WL 1072 „Gattefossé" wird definiert als ein durch längere Mazeration der Ringelblumenblüten in einem „eudermischen" Öl gewonnener Pflanzenextrakt. Er ist in Ölen und in „interesterifizierten" Ölen (Typ Labrafil®) löslich. D^{20}: 0,833 ± 0,015; n^{20}:

1,457 ± 0,015; Viskosität bei 20°: 19 ± 4 mPa·s. 1 kg Vegetol entspricht ungefähr 220 g Calendulablüten.

5.1.5 Extraktion mit verschiedenen Lösungsmitteln

In einer neueren Studie ist das Extraktionsverhalten der Oleanolsäureglykoside (Saponoside) und der Flavonolglykoside Isorhamnetin-3-0-rutinorhamnosid und Narcissin (Isorhamnetin-3-0-rutinosid) gegenüber verschiedenen Lösungsmitteln untersucht worden.

Der Gehalt an Saponosiden wurde bestimmt und berechnet als Oleanolsäure. In der Tab. 20 beziehen sich die

Tab. 20: Extraktion von getrockneten Calendulablüten mit verschiedenen Lösungsmitteln. Einfluß von Extraktionsdauer und -temperatur auf die Ausbeute von Oleanolsäure- und Flavonoidglykosiden (nach [17])

Extraktions-mittel	Extraktions-temperatur °C	Extraktions-dauer (h)	Oleanol-säure %	Isorhamnetin-rut.rhamn. %	Narcissin %
Ethanol 95%	80	1	38,0	62,9	74,1
Ethanol 95%	80	3	48,4	81,6	83,4
Ethanol 95%	50	1	10,9	11,8	21,0
Ethanol 95%	50	3	12,4	15,6	26,7
Ethanol 95%	60	2	21,3	33,0	46,1
Ethanol 95%	60	2	68,3	97,5	90,7
Ethanol 95%	80	1	69,9	96,9	95,8
Ethanol 95%	80	3	84,0	100,0	99,5
Ethanol 95%	50	1	58,2	91,6	99,5
Ethanol 95%	50	3	63,8	95,0	100,0
Prop.glykol	80	3	69,2	89,4	88,1
Prop.glykol	60	2	24,9	28,3	37,0
Prop.glykol	50	3	18,9	20,2	26,9
Prop.gl.50%	60	2	25,6	89,1	83,4
n-Propanol	60	2	8,3	1,6	2,1
iso-Propanol	60	2	4,3	3,1	6,7
Diprop.glykol	60	2	10,9	6,8	11,9
Glycerol	60	2	14,9	10,3	9,8
Aceton	60	2	4,3	1,6	6,7
Ethylacetat	60	2	2,8	0,0	0,5
Wasser	60	2	2,4	18,1	7,2

Tab. 21: Einfluß des Lösungsmittels auf Extraktivstoffausbeute und Gehalt von Carotinoiden und Flavonoiden im Extrakt (nach [18])

Lösungsmittel	Extraktivstoffe %	Carotinoide %	Flavonoide %
Chloroform	8,61	1,65	n.b.
Petrolether	7,27	1,43	n.b.
Dichlorethan	8,26	1,58	n.b.
Ethanol	5,08	1,12	0,54
Propylenglykol	n.b.	n.b.	0,22

n.b.: nicht bestimmt

Ausbeuten an Oleanolsäure auf den Gehalt eines durch kalte Extraktion frisch geernteter Calendulablüten mit 60% Ethanol erhaltenen Extraktes (DEV = 1:10). Bei den Flavonolausbeuten wurde der jeweils höchste Gehalt gleich 100 gesetzt. Der absolute Gehalt betrug max. 1,510 mg/ml Oleanolsäure bzw. max. 0,321 mg/ml Isorhamnetin-3-0-rutinorhamnosid und 0,386 mg/ml Narcissin. Wie aus der Tab. 20 hervorgeht, wird das beste Ergebnis mit 50%igem Ethanol als Extraktionsmittel erzielt [17].

In einer anderen Studie ist der Einfluß verschiedener Lösungsmittel auf den Gehalt an Extraktivstoffen, Carotinoiden und Flavonoiden bei einem DEV von 1:6 untersucht worden (Tab. 21). Durch Steigerung der Extraktionstemperatur von 25 bis 28° C auf 45 bis 48° C steigt das Extraktionsvermögen im Durchschnitt um 15%. Eine Steigerung der Temperatur auf über 50° C führt zu einem Abfall des Carotinoidgehaltes. Die Hauptmenge an Extraktivstoffen wird in den ersten 4 Stunden extrahiert. Nach 6 Stunden beträgt die Ausbeute mehr als 80% der extrahierbaren Bestandteile [18].

Propylenglykol-Extrakte enthalten Zucker, Carotinoide und Flavonoide, aber keine Phenolsäuren (vgl. 5.1.3). Dagegen enthalten Isopropylmyristat-Extrakte aus Calendula zwar keine Flavonoide, aber Carotinoide, Sterole und Phenolsäuren (Kaffeesäure, p-Cumarsäure, Syringasäure, Salicylsäure, p-Hydroxybenzoe- und Vanillinsäure) [19, 20]. Unter der Bezeichnung *Herbapon®* „Slovakofarma" ist ein orangegelber, öliger Calendulaextrakt im Handel, der nach einem patentierten Verfahren hergestellt wird. Er soll mindestens 1,5% „aktive Calendulastoffe" in einem Gemisch von Isopropylpalmitat, Isopropylmyristat und Emulgatoren enthalten. n^{20}: 1,4370 bis 1,4490; D: 0,8400 bis 0,8700 [21].

Unter Berücksichtigung der unterschiedlichen Polarität der verschiedenen Inhaltsstoffe wird auch empfohlen, Ringelblumenblüten einer fraktionierten Extraktion zunächst mit niedrigsiedenden Paraffinen und anschließend mit einem Ethanol-Wasser-Gemisch zu unterziehen. Auf diese Weise sollen sowohl die unpolaren Carotinoide und Bestandteile des ätherischen Öls als auch die polaren Flavonoide und Saponine optimal erfaßt werden [22].

5.1.6 Trockenextrakte

5.1.6.1 Gefriertrocknung

Therapeutisch genutzt werden auch gefriergetrocknete (lyophilisierte) Extrakte aus Calenduladroge [23] oder -frischpflanzen [24]. Das Präparat „*Antiinflamin*" enthält u. a. Calendula-Lyophilisat [25]. Ausschließlich Calendulaextrakt als Wirkstoff enthält „*Kaleflon*" mit 0,1 g Extrakt pro Tablette, das zur Behandlung von Magen- und Darmgeschwüren, chronischer Gastritis und Enteritis eingesetzt wird [26].

5.1.6.2 Hochdruckextraktion mit Kohlendioxid

Verdichtete Gase besitzen für lipophile Verbindungen Lösungseigenschaften, die man zur Extraktion und Fraktionierung von Stoffen nutzen kann [27]. Sie lassen sich beim Extraktionsverfahren schonend und ohne Rückstände zu hinterlassen abtrennen. Relevanz bei der Extraktion im größeren Maßstab besitzt hauptsächlich Kohlendioxid. Durch den Ausschluß von Sauerstoff und hohen Temperaturen verläuft der Extraktionsprozeß besonders schonend. CO_2 ist überdies gesundheitlich unbedenklich, umweltverträglich, stabil, inert und wirkt bakteriostatisch. Sein Lösungsvermögen beschränkt sich auf lipophile Stoffe. Polare Verbindungen wie Zucker, Glykoside, Aminosäuren und polare Flavonoide werden nicht extrahiert. Gelöst werden neben den typischen Lipiden wie fette Öle und Wachse Terpenalkohole, Carotinoide usw. [28]. Abb. 27 zeigt das Fließbild einer Hochdruckextraktionsanlage mit Pumpenbetrieb. In Abb. 28 sind die thermodynamischen Zustandsänderungen des Kohlendi-

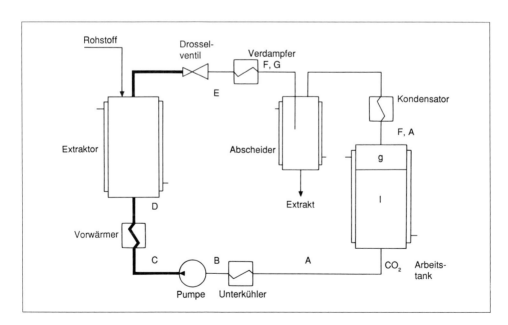

Abb. 27: Fließbild einer Hochdruckextraktionsanlage (nach [28]).
Der Hochdruckteil des Kreislaufs ist durch die dicke Linie hervorgehoben. Die eingezeichneten Zustände A – G beziehen sich auf das Phasendiagramm der Abb. 28.

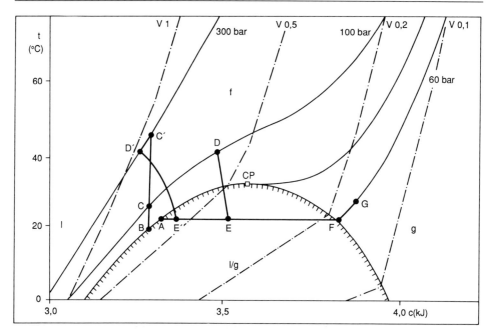

Abb. 28: t,s-Diagramm von Kohlendioxid mit eingezeichnetem Lösungsmittelkreislauf beim Pumpen-prozeß (nach [28]). CP-kritischer Punkt, V-Isochoren mit Dichteangabe, g – gasförmig, l – flüssig, f – überkritisch.

oxids während des Extraktionskreis-laufs eingezeichnet.

Das im Arbeitstank an der Siedegren-ze vorliegende flüssige Gas (Zustand A) wird in einem Unterkühler zunächst iso-bar abgekühlt (Zustand B), um Kavita-tionen in der Flüssigkeitspumpe zu ver-hindern. Das unterkühlte Gas erfährt durch die Pumpe eine isentrope, d. h. bei gleichbleibender Entropie verlau-fende Druckerhöhung auf den Extrak-tionsdruck (Zustand C/C') und im nach-folgenden Wärmeaustauscher eine iso-bare Thermostatisierung auf die Ex-traktionstemperatur (Zustand D/D'). Je nach Druckerhöhung und gewünschter Temperatur kann dabei eine Kühlung oder Erwärmung notwendig sein. Nach Durchströmen des Extraktionsbehält-nisses wird das beladene Gas an einem

Drosselventil auf einen unterkritischen Druck entspannt. Dabei kühlt es sich auf die Verflüssigungstemperatur ab und liegt im Zweiphasengebiet g/l vor (Zustand E/E'). Zur vollständigen Ent-mischung wird der Flüssigkeitsanteil in einem Verdampfer zunächst isobar und isotherm verdampft (Zustand F) und das Gas dann isobar auf die Abschei-dungstemperatur erwärmt (Zustand G). Nach dem Passieren des Abscheiders wird das regenerierte Gas im Konden-sator wieder auf die Verflüssigungstem-peratur abgekühlt (Zustand F) und dann isobar und isotherm kondensiert (Zustand A), womit der Kreislauf ge-schlossen ist [28].

Die Ringelblume bietet sich mit ihren vorwiegend lipophilen Wirkstoffen, den Triterpendiolen und Carotinoiden, für die CO_2-Extraktion besonders an. Ihre Extraktion mit CO_2 wurde 1969 erstmals beschrieben [29, 30] und später in einer Dissertation als Beispiel erwähnt [31]. Die Zusammensetzung des CO_2-Extraktes ist qualitativ vergleichbar mit der des Calendula-Öls, das jedoch bei der Herstellung einer Temperaturbelastung ausgesetzt wird und die Calendulabestandteile in relativ geringer Konzentration enthält. Im Vergleich zu Extrakten mit organischen Lösungsmitteln entfällt beim Ringelblumen-CO_2-Extrakt die Rückstandsproblematik [32]. Die Nutzen-Risiko-Bewertung pflanzlicher Extrakte sollte bekanntlich nicht dadurch erschwert werden, daß toxikologisch bedenkliche Restmengen von Lösungsmitteln, möglicherweise noch mit kanzerogenem Restpotential, toleriert werden [33].

Die Hochdruckextraktion der gepulverten Ringelblumenblüten erfolgt beispielsweise in einem 150-l-Behälter bei einem Druck von 350 bar und einer Temperatur von 50° C. Die in Abb. 29 (s. Farbtafel) gezeigte Anlage arbeitet bei produktionsmäßigem Betrieb mit drei Extraktoren, die einen quasi-kontinuierlichen Verfahrensablauf nach dem Gegenstromprinzip ermöglichen. Dabei beträgt die Extraktionskapazität 0,5 t Ringelblumen im 10-Stunden-Betrieb. Abb. 30 zeigt den Extraktionsverlauf für Ringelblumen als Funktion der durchgesetzten Gasmenge. Zur vollständigen Extraktion der gepulverten Blüten mit einer Endausbeute von knapp 6 Gew.% ist selbst unter den angegebenen Bedingungen, bei guter Lösungskapazität des CO_2, ein vergleichsweise hoher spezifischer Gasdurchsatz von mindestens 30 kg CO_2 pro kg Einsatzgut erforderlich [32]. Der CO_2-Extrakt aus Ringelblumen ist eine dunkelrote, bei Raumtemperatur wachsartige Masse. Auch bei mehrfacher Verflüssigung und Erwärmung auf 50° C ergibt sich keine Verschiebung der Extinktionskurve. Der Extrakt löst sich in der Fettphase galenischer Zubereitungen schnell und vollständig auf [32]. Nach neueren pharmakologischen Erkenntnissen ist das antiinflammatorische Prinzip der Ringelblume lipophiler Natur und läßt sich mit CO_2 vollständig aus der Droge extrahieren [34, vgl. 3.1.2]. Die Wirkung ist nach heutiger Kenntnis in erster Linie auf den Gehalt an Triterpendiolen, insbesondere der Faradiolester zurückzuführen. Im CO_2-Extrakt lassen sich nach der Verseifung der Ester 9,5% Faradiol nachweisen [36].

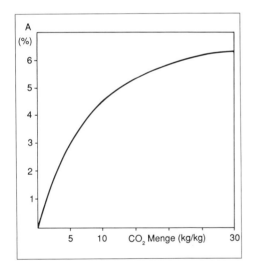

Abb. 30: Extraktionsdiagramm von Ringelblumenblüten; Ausbeute als Funktion des spezifischen Lösungsmittelaufwands (nach [32]).

5.2 Gewinnung von Oleanolsäure aus Ringelblumen

Oleanolsäure ist ein Ausgangsstoff für die Gewinnung von ulkusprotektiven Substanzen (vgl. 3.1.10). Sie läßt sich aus den oberirdischen Teilen von C. officinalis durch Extraktion mit einfachen aliphatischen Alkoholen, z. B. 70%-igem Methanol gewinnen. Die extra-hierten Glykoside werden mit einer anorganischen Säure, z. B. 10%iger Schwefelsäure, hydrolysiert und aus wäßrigem Methanol umkristallisiert. Die Ausbeute beträgt ca. 1% des Aus-gangsmaterials [37].

5.3 Homöopathische Zubereitungen

5.3.1 Calendula officinalis HAB 1

Verwendet werden die frischen, zur Blütezeit gesammelten oberirdischen Teile von C. officinalis L. Die Urtinktur wird nach der Vorschrift 3 a hergestellt, d. h. durch Mazeration mit 86%igem Ethanol, so daß der Ethanolgehalt etwa 60% beträgt. Der Ansatz wird nach mindestens 10 Tagen abgepreßt und fil-triert. Die Urtinktur ist eine gelbgrüne bis braungrüne Flüssigkeit mit leicht aromatischem Geruch und mild würzi-gem Geschmack.

5.3.2 Calendula officinalis spag. Zimpel

Die Urtinktur wird nach der Vorschrift 25 hergestellt, d. h. die zerkleinerte Frischpflanze wird unter Hefezusatz bei 20 bis 25°C vergoren („Putrefactio"). Der vergorene Pflanzenbrei wird einer Wasserdampfdestillation unterworfen.

Der Destillationsrückstand („Sulphur") wird getrocknet und bei 400°C verascht („Calcinatio"). Der wäßrige Auszug des „calcinierten" Rückstandes wird dem Destillat beigegeben. Die so erhaltene „spagyrische Urtinktur nach Zimpel" kann anschließend im homöopathischen Sinne potenziert werden. Naturwissen-schaftlich betrachtet, besteht die spagy-rische Urtinktur aus den nach der Ver-gärung enthaltenen flüchtigen Bestand-teilen und den durch Aufbereitung des Destillationsrückstandes gewonnenen Mineralsalzen des Eduktes. Sie unter-scheidet sich also wesentlich von den auf üblichem Wege gewonnenen ho-möopathischen Urtinkturen [38, vgl. 4.4.2].

5.3.3 Calendula officinalis hom. PF X

Verwendet wird der frische Blütenstand (Blütenköpfchen mit ungefähr 15 cm Stengel). Die Urtinktur wird mit einem

Gehalt von 55% (V/V) Ethanol hergestellt und besteht aus einer grünbraunen
Flüssigkeit mit einem leichten, Übelkeit
hervorrufenden Geruch und scharfem
Geschmack [39].

5.3.4 Calendula officinalis hom. HPUS 79

Verwendet werden die frischen blühenden oberen Pflanzenteile. Die Urtinktur (1:10) wird aus 700 ml Pflanzenbrei,
bestehend aus 100 g Feststoffen und 600
ml Flüssigkeit, mit Ethanol (96%) ad
1000 ml hergestellt.

Verdünnungen: Zweifach aus 1 Teil
Urtinktur + 4 Teilen Waser + 5 Teilen
Alkohol, dreifach und höher mit medi-
zinischem Alkohol (88%) [40].

5.4 Arzneiformen

5.4.1 Ringelblumen-Salbe

Die Äbtissin Hildegard von Bingen be-
diente sich bereits einer mit Speck angefertigten Ringelblumensalbe (vgl. 4.1).
Nach dem Erzherzog Joseph „wird
Schmalz gesotten, und in dasselbe werden die Blüten und Blätter der Ringelblume gegeben. Das Gemisch wird or-
dentlich verrührt und noch einige Zeit
durchgesotten. Dann tut man die Salbe
in ein Tiegelchen" [41]. Selbst Ziegenbutter wurde früher als Salbengrundlage verwendet [42]. *Kneipp'sche Calendula Salbe* wird nach Schwarz [43] wie
folgt zubereitet:

„50,0 g Blüten und 150,0 g Kraut läßt
man mit 150,0 g Weingeist (90%ig) und
5,0 g Ammoniakflüssigkeit (10%ig) an-
gefeuchtet und eingedrückt 12 Stunden
unter gutem Verschluß mazerieren. Die
Masse wird dann in 1000,0 g geschmol-
zene Wachssalbe eingetragen und 5 bis
6 Std. bei 50 bis 60°C digeriert. Nach
dem Auspressen der Masse wird

schließlich durch einen Heißwasser-
trichter filtriert." Gegenüber Salben,
die aus Extrakten hergestellt werden,
soll die Salbe den Vorzug haben, daß
das ätherische Öl erhalten bleibt [45].
Durch die starke thermische Belastung
bei der Herstellung sind Zweifel an dieser Aussage angebracht.

Nach anderer Meinung soll die Calendulasalbe am besten aus 1 Teil Fluidextrakt und 9 Teilen wasserhaltigem
Wollfett bereitet werden [4]. Ungt. Calendulae kann auch mit 20 g Tinct. Calendulae und 90 g einer Wasser-Vaseline
Emulsion hergestellt werden [26]. Wenn
die ganze Pflanze mit heißer geschmol-
zener Vaseline mazeriert wird, soll die
vorausgehende alkoholische Extraktion
entfallen können [47]. Eine weitere Rezeptur bedient sich einer Wollwachsal-
koholsalbe mit 10% fettem Ringelblumenöl. Um eine salbenförmige Konsi-
stenz zu erhalten, muß der Wasserge-
halt auf 40% begrenzt werden [48]. Eine in Italien gebräuchliche Anti-Impeti-

go-Salbe besteht aus Calendulafluidextrakt sowie Zinkoxid und Vaseline āā 10 g [6]. Unter Verwendung des Calendulaextraktes *Herbapon®* (vgl. 5.1.5) wird die Hautschutzsalbe *Indulona Herbasept „Slovakofarma Hlohovec"* hergestellt [21].

Auf eine traditionelle Rezeptur in Verbindung mit moderner Extraktionstechnik stützt sich die Herstellung der *Dr. Theiss Ringelblumensalbe* (Abb. 31 – Farbtafel). Sie enthält in 100 g einen CO_2-Auszug (vgl. 5.1.6.2) aus 10 g Blüten in einer Salbengrundlage aus Schweineschmalz und Maiskeimöl. Für die Extraktion wird Kohlendioxid aus vulkanischen Quellen verwendet, das einen von Rückständen freien Extrakt garantiert. Schweineschmalz ist dem menschlichen Hautfett in der Zusammensetzung ähnlich. Es dringt daher gut in die Haut ein. Die im Schmalz gelösten Wirkstoffe gelangen so auch in tiefer gelegene Gewebeschichten der Haut (vgl. 3.1.2). Maiskeimöl ist reich an essentiellen Fettsäuren, vor allem an Linolsäure. Durch die Zufuhr von hochungesättigten Fettsäuren soll unter anderem die Oberflächendurchblutung und die für das frische Aussehen der Haut verantwortliche Wasserbindung angeregt werden [49]. Dr. Theiss Ringelblumensalbe enthält mindestens 80 mg% Triterpendiolmonoester, berechnet als Faradiol.

5.4.2 Ringelblumen-Öl

Das offizinelle Ringelblumenöl ist ein mit pflanzlichem fetten Öl hergestellter Auszug aus Ringelblumenblüten. Es wird unverdünnt anstelle von Calendulasalbe äußerlich appliziert, unterscheidet sich also in der Anwendung von den in kosmetischen Präparaten üblichen Calendulaölen [50] (vgl. 5.1.4). Zu sei-

ner Herstellung werden 100 g Calendulablüten (ohne Kelch) mit 100 g Ethanol durchfeuchtet. Dann werden 1000 g Oliven- oder Erdnußöl hinzugefügt. Man läßt den Ansatz 8 Tage stehen und dampft dann das Ethanol auf dem Wasserbad ab [3]. Calendulaöl enthält die lipoidlöslichen Bestandteile der Calendulablüten, d. h. die Carotinoide und den unverseifbaren Anteil. Das Pflanzenöl sollte rein sein und keine Reizungen oder Allergien auf der Haut hervorrufen. Um eine Autoxidation zu vermeiden, ist eine Aufbewahrung in gut verschlossenen und vor Licht geschützten Behältern notwendig [10]. Calendulaöl ist dann etwa ein Jahr lang haltbar.

5.4.3 Teerezepturen

In der Pharmazeutischen Stoffliste [51] werden etwa 80 Teepräparate aufgeführt, die Ringelblumen im Gemisch mit anderen pflanzlichen Drogen enthalten. Bevorzugte Anwendungsgebiete bzw. eine Übereinstimmung mit den traditionellen Indikationen der Ringelblume sind dabei selten erkennbar. Ihre Anwesenheit ist meistens mit der Funktion einer Schönungsdroge zu erklären. Dagegen folgen die in der Literatur empfohlenen Teerezepte den bekannten Anwendungen der Ringelblume:

„Magentee bei latenter Magenschleimhautentzündung" [52]: Rp. Herba Anserinae 40, Flores Calendulae 20, Fructus Foeniculi 10, Flores Chamomillae 30; D.S. 1 Teelöffel auf 1 Tasse, nicht zu heiß trinken, ohne Zucker, mehrmals täglich.

„Bei Magengeschwüren" [52]: Flores Calendulae, Cortex Quercus rob., Herba Fumariae off., Herba Veronicae off., Herba Verbenae off. āā 20; D.S. 4 Teelöffel auf 2 Glas Wasser.

„Als Emmenagogum" [1]: Rp. Flores Calendulae 30,0 g; D.S. 2 Teelöffel voll zum heißen Infus mit 2 Glas Wasser, tagsüber zu trinken.

„Bei Hemmung der Menstruation, Meno- und Metrorrhagie" [52]: Rp. Flores Calendulae, Herba Capsellae bursae past., Folia Menthae pip. āā 40,0 g; D.S. 1 Eßlöffel auf 1 Tasse als Abkochung. 1 bis 2 Tassen täglich schluckweise.

„Zur Förderung der Regelblutung" [53]: Rp. Flores Calendulae, Herba Hyperici, Flores Chamomillae, Herba Alchemillae, Crocus, Folia Rosmarini āā ad 100,0 g D.S. 1 Teelöffel/Infus, 2mal täglich.

Ein *„Krebstee"* besteht u. a. zu 40% aus Ringelblumenblüten [1].

„Ulcovex" ist ein Instanttee, der außer Calendulaextrakt mit Catecholaminen, Flavonen und Triterpenen zusätzlich noch Allantoin, Kaffeesäure und Chlorogensäure enthält und zur Vorbeugung und Behandlung von Magen- und Duodenalgeschwüren nützlich sein soll [54].

5.5 Analytik

5.5.1 Beschreibung der Droge

5.5.1.1 Ganzdroge

Die vom Blütenstandsboden und von den Hüllkelchblättern befreiten orangeroten bis goldgelben, glänzenden, bis 25 mm langen und 5 bis 7 mm breiten weiblichen Zungenblüten mit nach innen gekrümmtem Fruchtknoten ohne Pappus. Die Zungenblüten zeigen vier nahe dem oberen Rand verlaufende Hauptnerven und an dem basalen röhrenförmigen Teil kleine Haare. Die Droge hat einen schwachen Geruch und einen bitteren, herben und salzigen Geschmack.

Calendulae flos cum calice: Die ganzen oder teilweise zerfallenen Blütenköpfchen insbesondere gefüllter Sorten mit zahlreichen Zungenblüten und wenigen Röhrenblüten.

5.5.1.2 Schnittdroge

Die Droge besteht aus den etwas zerknitterten gold- bis orangegelben, glänzenden, ganzen Zungenblüten und kleinen Teilen derselben.

Mikroskopisches Bild: Epidermiszellen auf der Oberseite der Zungenblüten, teilweise papillenartig vorgewölbt mit hellgelben, kugelförmigen Chromoplasten. Kutikula deutlich gefurcht. Epidermiszellen des Fruchtknotens langgestreckt. Haare mehrzellig mit ein- oder zweireihigem Stiel und spitz zulaufender oder eiförmiger Endzelle. Wenig Drüsenhaare.

Calendulae flos cum calice: Die Teile des Blütenstandsbodens sind auf der einen Seite grünlich und stark behaart und auf der anderen bräunlich. Die Teile der Hüllkelchblätter sind hellgrün, 1 bis 2 mm breit, stark behaart und lassen häufig die spitz auslaufende Blattspitze erkennen. Die Teile der Zungenblüten sind gelb, orangegelb oder bräunlich; teilweise ist die dreizähnige Blattspitze vorhanden. Die Röhrenblüten sind orangebraun oder braunviolett, fünfzipfelig und etwa 5 mm lang.

Mikroskopisches Bild: Blütenstandsboden: Epidermiszellen der Oberseite mit mäßig verdickten Außenwänden. Hüllkelch: Spaltöffnungen auf der Außenseite der Blätter. Bohnenförmige Schließzellen, von 3 bis 5 Epidermiszellen umgeben. Leitbündel von Bündeln stark verdickter Sklerenchymzellen begleitet. Zungenblüten: Epidermiszellen auf der Oberfläche teilweise papillenartig vorgewölbt mit hellgelben, kugelförmigen Chromoplasten. Kutikula deutlich gefurcht. Epidermiszellen des Fruchtknotens langgestreckt. Röhrenblüten: Epidermiszellen der Innenseite der Blütenkrone papillenartig vorgewölbt mit Drusen und gelben, kugelförmigen Chromoplasten. Epidermiszellen des Fruchtknotens langgestreckt. Haare mehrzellig mit ein- oder zweireihigem Stiel und spitz zulaufender oder eiförmiger Endzelle. Wenig Drüsenhaare. Pollenkörner etwa 40 µm groß, im Querschnitt abgerundet, dreieckig, mit grobstacheliger Exine.

5.5.1.3 Pulverdroge

Das leuchtend gelbe Pulver besteht aus den Blütenfragmenten.

Mikroskopisches Bild: Epidermiszellen schmal länglich, mit gewellten Zellwänden, irregulär geformten Chromoplasten und einzelnen orangeroten Öltröpfchen. Sehr verschieden große und verschieden ausgebildete, aus zwei parallelen Zellreihen aufgebaute, bis 120 µm lange oder kurze keulenförmige oder am Ende köpfchenförmige Drüsenzotten. Pollen mit 40 µm Durchmesser und mit grobstacheliger Exine versehen. Gliederhaare bestehend aus einer doppelten Zellreihe mit ein- bis zweizelligen Fortsätzen bis 900 µm Länge. Typische Asteraceen-Drüsenschuppen fehlen. Calciumoxalatrosetten mit einem Durchmesser von 2 bis 6 µm (56–58).

5.5.2 Reinheitsprüfung

5.5.2.1 Calendulae flos sine calice

Nach DAC 86 höchstens 7,0% fremde Bestandteile. Der Anteil an Hüllkelchblättern darf 5,0%, der Anteil an Früchten und sonstigen fremden Bestandteilen 2,0% nicht übersteigen; Asche: nicht mehr als 11%; säureunlösliche Asche: nicht mehr als 2%; wasserlösliche Extraktivstoffe: nicht weniger als 20% (BHP 83).

5.5.2.2 Calendulae flos cum calice

Teile der Blütenstandsachsen: höchstens 8,0%; unschädliche Beimengungen: höchstens 1,0%; verfärbte Bestandteile: höchstens 5,0%; Teile der Früchte: höchstens 6,0%; Teile der Laubblätter: höchstens 4,0%; Asche: höchstens 10,0%; salzsäureunlösliche Asche: höchstens 0,5%; Trocknungsverlust: höchstens 12,0% [63].

5.5.3 Prüfung auf Identität

Verwechslungen und Verfälschungen: vgl. 1.3.6.

5.5.3.1 Nachweis der Flavonoide (vgl. 2.1.5)

Dünnschichtchromatographie: Charakteristisch für das DC der Calendulablüten sind die Zonen der Isorhamnetinglykoside (Abb. 32 – Farbtafel). Dadurch lassen sich auch Beimengungen von Ringelblumen in Arnikablüten leicht erkennen [59–64].

Sorptionsschicht: Kieselgel 60 F_{254} (lufttrocken)

Fließmittel: Ethylacetat 65 (V/V), Ameisensäure (90–100%) 15, Wasser 20 (Kammersättigung).

Untersuchungslösung: 0,5 g gepulverte Droge werden 5 min lang mit 5 ml Methanol auf dem Wasserbad (ca. 60°C) erhitzt. Das Filtrat dient als Untersuchungslösung.

Vergleichslösung: 2,5 mg Rutosid, 1 mg Chlorogensäure, 2,5 mg Hyperosid und 1 mg Kaffeesäure werden in 10 ml Methanol gelöst.

Auftragsvolumen: Von der Untersuchungslösung werden 28 µl (entsprechend 7 cm einer Schmp.-Kapillaren), von der Vergleichslösung 10 µl (entsprechend 2,5 cm) getrennt bandförmig (20×3 mm) auf die Startlinie aufgetragen.

Nachaktivierung: Nach dem Auftragen die Platte vor dem Entwickeln 15 min lang an der Luft liegen lassen.

Laufstrecke: 15 cm; Laufzeit: 125 min.

Detektion: Besprühen mit Diphenylboryloxyethylamin (Naturstoffreagenz), 1%ige methanolische Lösung. Auswertung: UV_{365}. Die Fluoreszenzen können durch Besprühen mit einer 5%igen Lösung von Macrogol 400 intensiviert und stabilisiert werden.

Oder Besprühen mit Borsäure-Oxalsäure-Sprühreagenz: Eine Mischung von 15 ml 3%ige Borsäurelösung und 5 ml 10%ige Oxalsäurelösung wird aufgesprüht; anschließend wird das DC ca. 5 min lang auf 120°C erhitzt. Die Auswertung erfolgt im UV_{365}: Flavonoide erscheinen als grün bis gelbgrün fluoreszierende Flecke, Zimtsäurederivate fluoreszieren blau. Im DC der Ver-

gleichslösung erkennt man deutlich die Zonen von Rutosid (Rf 0,41), Chlorogensäure (Rf 0,51), Hyperosid (Rf 0,61) und Kaffeesäure (Rf 0,93). Calendulablüten zeigen neben der relativ schwachen Rutosidzone zwei intensiv gelb fluoreszierende Zonen von Isorhamnetinrutinorhamnosid (Rf 0,26) und Isorhamnetin-3-O-rutinosid (Rf 0,44). Eine weitere gelbgrüne Zone bei Rf 0,69 ist dem Isorhamnetin-3-O-glucosid zuzuordnen. Etwas unterhalb der Kaffeesäurezone tritt eine schwächere Fluoreszenz auf.

Um die Isorhamnetinglykoside von den Quercetinglykosiden farblich deutlicher abzuheben, kann man sich auch der Mikrowellen-Bedampfungstechnik bedienen. Hierbei wird durch eine intensive Energiezufuhr mittels Mikrowellen der mit dem Naturstoffreagenz gebildete Farbkomplex schneller und vollständiger ausgeprägt [65, 66]. Um außer der Zonenfärbung einen weiteren Nachweis des entsprechenden Flavonaglykons zu erbringen, kann sich eine zweidimensionale Chromatographie mit Hilfe des „DC-Reaktionskammer-Verfahrens" anschließen. Aufgrund des geringen Gehaltes an Quercetinglykosiden sind in der zweiten Dimension des Chromatogramms häufig nur die Isorhamnetinzonen zu erkennen [67].

5.5.3.2 Nachweis der Carotinoide (vgl. 2.1.4)

Dünnschichtchromatographie

Sorptionsschicht: Kieselgel F_{254} (HPTLC- Qualität).

Fließmittel: Diethylether.

Untersuchungslösung: 0,5 g frisch gepulverte Droge werden mit 10 ml Methanol unter Erwärmen extrahiert. Das Filtrat dient als Untersuchungslösung.

Vergleichslösung: 5 mg β-Carotin werden in 1 ml Methanol gelöst.

Auftragsvolumen: Von der Untersuchungslösung werden 20 µl, von der Vergleichslösung 15 µl bandförmig aufgetragen (10×2 mm).

Detektion: Das Fließmittel wird bei Raumtemperatur abgedampft. Nach Erhitzen der Platte auf 105 bis 110° C wird die Platte mit einer frisch hergestellten 10%igen Molybdatophosphorsäurelösung in 96%igem Ethanol besprüht. Die Auswertung erfolgt nach 5 min durch Betrachtung im Tageslicht. Im DC der Untersuchungslösung treten in der unteren Hälfte die stark blau gefärbten Zonen der Carotinoide auf. Im DC der Vergleichslösung erscheint eine Zone an der Fließmittelfront.

Die Trennung der Carotinoide gelingt auch mit Undecan + 20% Methylenchlorid als Fließmittel auf Kieselgel G bei unpolaren Carotinoiden. Stärker polare Carotinoide lassen sich mit Methylenchlorid + 20% Ethylacetat auf Kieselgel G trennen. Die Sichtbarmachung erfolgt mit 5%iger Molybdatophosphorsäurelösung [68]. Nach einer anderen Methode wird das Carotinoidgemisch verseift und dann der zweidimensionalen DC zunächst mit Benzol + 2% Butanol und anschließend mit einer Mischung von Petrolether (80–100° C) und Aceton (80 + 20, V/V) unterworfen [69].

5.5.3.3 Nachweis der Triterpenglykoside (vgl. 2.1.1)

Dünnschichtchromatographie
Sorptionsschicht: Kieselgel-Alufolien 60 F_{254} oder Kieselgel-Platten 60 F_{254}; Schichtdicke 0,25 mm.
Fließmittel: $CHCl_3$-CH_3OH-H_2O (61:32:7) ein- oder zweidimensional oder n-PrOH – NH_4OH 14% (80:20).

Detektion: Mit 10%iger wäßriger Schwefelsäure oder mit Godinschem Reagenz (äquivalente Volumina einer 1%igen ethanolischen Vanillinsäurelösung und einer 3%igen wäßrigen Perchlorsäurelösung werden gemischt). Nach dem Besprühen und 10 min langem Erhitzen auf 110° C färben sich die Saponosidflecken violett. Die Auswertung der Chromatogramme erfolgt bei 366 nm [70, 71].

5.5.3.4 Nachweis der Triterpenalkohole (vgl. 2.1.2)

Dünnschichtchromatographie
Sorptionsschicht: Kieselgel-Platten 60 F_{254}; Schichtdicke 0,25 mm.
Fließmittel: n-Hexan – Ethylacetat (80:20).
Detektion: Anisaldehyd-Schwefelsäure-Reagenz nach Stahl, Erhitzen der DC-Platte auf 110° C (vgl. Abb. 33 – Farbtafel).

5.5.3.5 Ätherisches Öl (vgl. 2.1.7)

Das durch Wasserdampfdestillation gewonnene Öl ist annähernd farblos, hat den charakteristischen Geruch der Blüten und folgende Konstanten: D_{15} 0,930, α_D −6° 50′, n^{20} 1,4976, SZ 0,29, EZ 3,51. EZ nach Formylierung in der Kälte. Die Farbreaktion nach Sabetay mit Brom und Chloroform gibt eine Blaufärbung, die Farbreaktion mit Essigsäure und Chloroform eine stark violette Färbung [72, 73].

5.5.4 Gehaltsbestimmung

In den Arzneibüchern wird kein Mindestgehalt oder Gehaltsbereich für bestimmte Calendula-Inhaltsstoffe vorgeschrieben. Die getrockneten Blüten enthalten ca. 1,75% Triterpendiolmonoester, berechnet als Faradiol [36], 2 bis 10% Triterpenglykoside (Saponoside) [74], bis zu 1,5% Carotinoide [75] und 0,28 bis 0,75% Flavonoide [76, 77].

5.5.4.1 Triterpenalkohole

Die Bestimmung der Triterpendiolester erfolgt mittels HPLC nach Abspaltung der Fettsäuren an $AgNO_3$-imprägniertem Kieselgel mit Faradiol als externem Standard [36].

5.5.4.2 Carotinoide

Die Carotinoide lassen sich sowohl kolorimetrisch [75] als auch photometrisch bei einer Wellenlänge von 450 nm [19] bzw. 200 bis 800 nm [18] oder durch HPLC [78] bestimmen.

5.5.4.3 Flavonoide

Die Bestimmung der Flavonoidglykoside erfolgt UV-spektralphotometrisch [79, 80]. Sie kann auch mit Hilfe der Chelatkomplexbildung der Aglyka mit Aluminiumchlorid erfolgen. Das durch Hydrolyse freigesetzte Isorhamnetin bzw. Quercetin bildet aufgrund seiner Flavonoidstruktur gelbgrün gefärbte Komplexe. Zur photometrischen Bestimmung wird der Al-Chelatkomplex bei 425 nm [63] oder bei 430 nm [81] gemessen.

Die HPLC der Flavonoide wird unter folgenden Bedingungen vorgenommen:
Stationäre Phase: Waters µ-Bondapak C 18-Säule.
Mobile Phase: $CH_3CN - H_2O$ (80 : 20).
Konzentration: 0,1 mg/ml CH_3OH; Probenvolumen: 20 µl; Durchfluß: 1 ml/min.
Detektion: UV 210 nm.

5.5.4.4 Triterpenglykoside

Die Saponoside werden photometrisch durch die Farbreaktion mit Vanillin in saurem Medium bestimmt [82]. Ein neueres Verfahren bedient sich der HPLC unter folgenden Bedingungen [70, 83]:
Stationäre Phase: Waters µ-Bondapak C 18-Säule.
Mobile Phase: $CH_3OH - H_2O - H_3PO_4$ (80 + 20 + 0,2).
Konzentration: 5 mg/ml gelöst in mobiler Phase; Probenvolumen: 20 µl; Durchfluß 1 ml/min.
Detektion: UV 210 nm.

5.5.5 Homöopathische Zubereitungen

5.5.5.1 Calendula officinalis HAB 1 [84]

Prüfung auf Identität: Ziegelroter Niederschlag beim Erhitzen der Urtinktur mit Fehlingscher Lösung. Starker Schaum nach Schütteln der Urtinktur mit Wasser.

Dünnschichtchromatographie
Sorptionsschicht: Kieselgel HF $_{254}$.
Untersuchungslösung: Urtinktur.
Vergleichslösung: Aescin und Gallussäure in Methanol.
Fließmittel: n-Butanol – Essigsäure 98% – Wasser (50 + 10 + 40) Oberphase.
Detektion: UV 254 nm.
Auswertung: Das Chromatogramm der Vergleichslösung zeigt im unteren Teil des mittleren Drittels des Rf-Bereichs den Fleck des Aescins und im oberen Drittel den Fleck der Gallussäure. Das Chromatogramm der Untersuchungslösung zeigt über der Vergleichssubstanz Aescin und etwa auf der Höhe der Gallussäure je einen Fleck. Wenig über

dem Start und etwa in der Mitte der Vergleichssubstanzen kann je ein Fleck auftreten. Nach dem Besprühen mit Anisaldehydlösung und Erhitzen auf 105 bis 110°C zeigt das Chromatogramm der Untersuchungslösung knapp unterhalb der Vergleichssubstanz Aescin einen orangefarbenen Fleck, sowie in der Mitte zwischen den beiden Vergleichssubstanzen, etwas unterhalb und etwas oberhalb der Vergleichssubstanz Gallussäure je einen blauvioletten Fleck.

Prüfung auf Reinheit
Relative Dichte: 0,895 bis 0,915
Trockenrückstand: mindestens 1,0%.

5.5.5.2 Calendula officinalis spag. Zimpel [85]

Prüfung auf Identität
Dünnschichtchromatographie
Sorptionsschicht: Kieselgel HF$_{254}$ (DC-Fertigplatte).
Untersuchungslösung: 10 ml Urtinktur werden mit 10 ml gesättigter Natriumchlorid-Lösung versetzt und dreimal mit je 10 ml Pentan ausgeschüttelt. Die vereinigten organischen Phasen werden über wasserfreiem Natriumsulfat getrocknet, filtriert und auf dem Wasserbad bei etwa 30°C auf etwa 0,5 ml eingeengt. Das Konzentrat wird in 1 ml Methanol aufgenommen.
Vergleichslösung: 10 mg Gallussäure in 10 ml Methanol.
Fließmittel: Essigsäure 98% – Wasser – 1-Butanol (10 + 40 + 50).
Detektion: UV 254 nm.
Auswertung: Im Chromatogramm der Vergleichslösung tritt im oberen Drittel des Rf-Bereichs die Zone der Gallussäure auf. Im Chromatogramm der Untersuchungslösung ist in Höhe der Gallussäure eine kräftige Zone zu sehen.

Prüfung auf Reinheit
Relative Dichte: 0,970 bis 0,980
Trockenrückstand: mindestens 0,4%.

5.5.5.3 Calendula officinalis hom. PF X [39]

Prüfung auf Identität: Nach kräftigem Schütteln von 1 ml Urtinktur mit 10 ml Wasser starke Schaumbildung. 1 ml Urtinktur wird mit 5 ml Ether und wenig Aktivkohle gemischt und filtriert. Beim Versetzen des Rückstandes mit einem Gemisch aus gleichen Teilen Essigsäureanhydrid und Chloroform und anschließend mit Schwefelsäure entsteht eine Rotfärbung, die in braun übergeht.

Dünnschichtchromatographie
Sorptionsschicht: Kieselgel G.
Untersuchungslösung: Urtinktur. 30 µl als Startband.
Vergleichslösung: 10 mg Rutosid und 5 mg Chlorogensäure in 10 ml methanolischer Lösung. 10 µl als Startband.
Fließmittel: Wasserfreie Ameisensäure – Eisessig – Wasser – Ethylacetat (11 + 11 + 27 + 100).
Detektion: UV 365 nm.
Auswertung: Das Chromatogramm der Vergleichslösung zeigt ein bräunliches Band bei Rf 0,35 (Rutosid) und ein blaues Band bei Rf 0,55 (Chlorogensäure). Das Chromatogramm der Untersuchungslösung zeigt ein bräunliches Band bei Rf 0,25, ein leicht bläuliches Band bei Rf 0,30, ein bräunliches Band bei Rf 0,35, zwei blaue Bänder bei Rf 0,55 und 0,95 sowie ein rotes Band an der Lösungsmittelfront.

Nach dem Besprühen mit einer 1%-igen Lösung von Aminoethanoldiphenylborat zeigt das Chromatogramm der Vergleichslösung ein orangefarbenes Band bei Rf 0,35 und ein grünes Band bei Rf 0,55. Das Chromatogramm der

Untersuchungslösung zeigt ein grünes Band bei Rf 0,30, ein orangefarbenes Band bei Rf 0,35, ein grünes Band bei Rf 0,55, ein helloranges Band bei Rf 0,60 und ein grünes Band bei Rf 0,90. Das Chromatogramm der Untersuchungslösung zeigt ebenfalls ein fluoreszierendes Band des Isorhamnetinglucorhamnosids unterhalb des orange fluoreszierenden Bandes des Rutosids und ein gelblich fluoreszierendes Band des Narcissins zwischen den Bändern des Rutosids und der Chlorogensäure.

Gehalt: Ethanol zwischen 50% (V/V) und 60% (V/V).

Trockenrückstand: mindestens 0,75%.

Literatur

[1] Madaus G. (1938), Lehrbuch der biologischen Heilmittel Bd. I, Georg Thieme Verlag, Leipzig, S. 778.
[2] Pahlow M. (1985), Das große Buch der Heilpflanzen, Gräfe und Unzer-Verlag, München.
[3] Lindemann G. (1982), Naturheilpraxis 6: 800–881.
[4] Frerichs G., Arends G., Zörnig H. (Hrsg.) (1930), Hagers Handbuch der Pharmazeutischen Praxis 1. Bd., Verlag von Julius Springer, Berlin, S. 768.
[5] Makauskas I., Soler B., Gonzalez R., Fernandez L. (1981), Rev Cub Farm 15: 78–82.
[6] Benigni R., Capra C., Cattorini P.E. (1962), Piante medicinali Bd. 1, Inverni & Della Beffa, Milano.
[7] Spaich W. (1977), Moderne Phytotherapie, Karl F. Haug Verlag, Heidelberg.
[8] Kroeber L. (1948), Das neuzeitliche Kräuterbuch Bd. 1, Hippokrates-Verlag Marquardt & Cie., Stuttgart, S. 304.
[9] Parviz M. (1986), Fr Demande 2, 608, 923; zit. nach CA 110: 72733.
[10] Diemunsch A. M., Mathis C. (1980), Labo-Pharma Probl Tech 28: 55–63.
[11] Extraits du C. E. P. (Centre d'Etude et de Physiologie de la Peau); zit. nach [10].
[12] Russo M. (1972), Riv Ital EPPOS 54: 740–743.
[13] Marini D., Ranucci G. (1984), I1 Prod Chim 25: 4–9.
[14] dragoco report (1979), 26: 219; zit. nach [16].
[15] Eisberg N. (1981), Manufact Chemist Aerosol News 52: 31; zit. nach [16].
[16] Fiedler H. P. (1989), Lexikon der Hilfsstoffe für Pharmazie, Kosmetik und angrenzende Gebiete 3. Aufl., Editio Cantor, Aulendorf, S. 949.
[17] Teglia A. (1989), Cosmet Toiletries, Ed Ital 10: 28–53.
[18] Avramova S., Portarska F., Apostolova B., Petkova M., Tsekova M., Kapitanova T., Maneva K. (1988), MBI, Med Biol Inf 28–32.
[19] Góra J., Kalemba D., Kurowska A., Swiatek L. (1980), Acta Horticult 96: 165–171.
[20] Góra J., Swiatek L., Kalemba D., Kurowska A. (1979), Planta Med 36: 286–287.
[21] Černaj P., Oravec V., Varga I., Minczinger S. (1989), Symposium „Medicine of Plant Origin in Modern Therapy", Prag 30. 7.–2. 8. 1989.
[22] Hamacher H. (1991), Dtsch Apoth Ztg 131: 2155–2162.
[23] Shipochliev T., Dimitrov A., Aleksandrova E. (1981), Veterinary Sciences (Sofia) 18: 87–94.
[24] Chemli R. (1989), Étude des proprietés antibacteriennes des substances d'origine végétable D. E. A. de Microbiologie appliqué, Marseille; zit. nach [46].
[25] Shipochliev T. (1981), Veterinary Sciences (Sofia) 18: 94–98.
[26] Turova A. D. (1974), Medicina 218–222.
[27] Stahl E., Quirin K. W., Gerard D. (1987), Verdichtete Gase zur Extraktion und Raffination, Springer-Verlag, Berlin Heidelberg New York London Paris Tokyo.
[28] Quirin K. W., Gerard D., Grau H., Grau G. (1987), Seifen – Öle – Fette – Wachse 113: 539–544.
[29] Getmanskij I. K., Kudriacov A. I. (1969), Maslozirowaja Prom 5: 25; zit. nach [30].
[30] Kurowska A., Kalemba D., Góra J. (1980), POLLENA-TSPK 24: 64–73.
[31] Lack E. A. (1985), Dissertation Universität Graz.
[32] Quirin K. W., Gerard D. (1989), Seifen – Öle – Fette – Wachse 115: 57–59.
[33] Stumpf H., Spieß E., Habs M. (1992), Dtsch Apoth Ztg 132: 509–513.
[34] Della Loggia R., Becker H., Isaac O., Tubaro A. (1990), Planta Med 56: 658.
[35] Della Loggia R., Tubaro A., Becker H., Saar St., Isaac O. (1992), Zur Publikation eingereicht.
[36] Saar St. (1991), Diplomarbeit Institut für Pharmakognosie und Analytische Phytochemie der Universität des Saarlandes, Saarbrücken.
[37] Wrzecino U., Zaprutko L., Budzianowski J., Jambor J. (1987), Pol PL 141, 399 v. 31. Jul. 1987; zit. nach CA 113: 12113.
[38] Helmstädter A. (1989), Dtsch Apoth Ztg. 129: 2335–2339.
[39] Pharmacopée Française, Xe Édition, 6e Supplement (1989).
[40] The Homoeopathic Pharmacopoeia of the United States, 8th Edition, Vol. 1 (1979), American Institute of Homeopathy, Falls Church, Virginia.
[41] Erzherzog Joseph (1903), Atlas der Heilpflanzen des Prälaten Kneipp, Faksimile-Ausgabe, Weltbild-Verlag, Augsburg 1987.
[42] Langerfeldt J. (1984), hgk-Mitt 27: 19–23.
[43] Schwarz H. (1929), Heil- und Gewürzpflanzen 12: 21; zit. nach [44].
[44] Auster F., Schäfer J. (1958), Arzneipflanzen – Calendula officinalis L., VEB Georg Thieme, Leipzig.
[45] Berger F. (1949), Handbuch der Drogenkunde Bd. 1, Verlag Wilhelm Maudrich, Wien, S. 233.
[46] Dumenil G., Chemli R., Balansard G., Guiraud H., Lallemand M. (1980), Ann pharm franç 38: 493–499.
[47] Boiron J. (1955), Die Heilkunst Nr. 4; zit. nach [7].
[48] Wolf H. G. (1989), Pharmaz Ztg 134: 29.
[49] Burczyk A. (1989), Seifen-Öle-Fette-Wachse 115: 462–463.
[50] Petkov V. V. (1988), Sovremennaja Fitoterapia, Medicina i Fizkultura, Sofia.
[51] Pharmazeutische Stoffliste (1988), 7. erw. Aufl., Arzneibüro der Bundesvereinigung Deutscher Apothekerverbände (ABDA), Werbe- und Vertriebsgesellschaft Deutscher Apotheker m. b. H., Frankfurt am Main.

[52] Lindemann G. (1979), Teerezepte, 3. Aufl., Verlag Tibor Marczell, München.

[53] Karl J. (1983), Phytotherapie 4. Aufl., Verlag Tibor Marczell, München.

[54] Istudor V., Mantoiu M., Badescu I. (1981), Farmacia (Bukarest) 29: 41–48; zit. nach CA 95: 86207.

[55] Deutscher Arzneimittel-Codex 1986 mit Ergänzungen. Bundesvereinigung deutscher Apothekerverbände (Hrsg.), Deutscher Apotheker Verlag, Stuttgart, Govi-Verlag, Frankfurt/Main.

[56] Willuhn G. (1989), Ringelblumen. In: Wichtl M. (Hrsg.), Teedrogen 2. Aufl., Wissenschaftliche Verlagsgesellschaft mbH, Stuttgart, S. 400.

[57] Ergänzungsbuch zum Deutschen Arzneibuch sechste Ausgabe (Erg. B. 6) (1941), Deutscher Apotheker-Verlag Dr. Hans Hösel, Berlin.

[58] British Herbal Pharmacopaeia (1983), British Herbal Medicine Association (ed.), Megaron Press, Bournemouth.

[59] Pachaly P. (1991), DC-Atlas, Wissenschaftliche Verlagsgesellschaft mbH, Stuttgart.

[60] Pachaly P. (1984), Dtsch Apoth Ztg 124: 2153–2161.

[61] Stahl E., Juell S. (1982), Dtsch Apoth Ztg 122: 2153–2161.

[62] Wagner H., Bladt S., Zgainski E. M. (1983), Drogenanalyse, Springer-Verlag, Berlin Heidelberg New York.

[63] Volkmann B. (1990), Zentbl Pharm Pharmakother Labdiagn 129: 300–301.

[64] Luckner M., Beßler O., Luckner R. (1967), Arzneimittelstandardisierung 8: 46; zit. nach Dtsch Apoth Ztg 107: 1923 (1967).

[65] Heisig W., Wichtl M. (1989), Dtsch Apoth Ztg 129: 2178–2179.

[66] Heisig W., Wichtl M. (1990), Dtsch Apoth Ztg 130: 2058–2062.

[67] Heisig W., Wichtl M. (1988), Planta Med. 54: 582.

[68] Stahl E., Bolliger H. R., Lehnert L. (1963), Carotine und Carotinoide. Wissenschaftliche Veröffentlichungen der Deutschen Gesellschaft für Ernährung Bd. 9, Dr. Dietrich Steinkopff-Verlag, Darmstadt.

[69] Vanhaelen M. (1973), Planta Med 23: 308–311.

[70] Vidal-Ollivier E. (1988), Thèse de Doctorat en Science, Université d'Aix-Marseille.

[71] Bialaschik F. JH. (1982), Dissertation Berlin-Poznań.

[72] Igolen G. (1936), Parfums de France 14: 272; zit. nach CA 31: 1956.

[73] Gildemeister E., Hoffmann Fr., Treibs W. (1961), Die Ätherischen Öle 4. Aufl. Bd. 7, Akademie-Verlag, Berlin.

[74] Vidal-Ollivier E., Diaz-Lanza A. M., Balansard G., Maillard C., Vaillant J. (1990), Pharm Acta Helv 65: 236–238.

[75] Andreeva L. G. (1961), Aptechnoe Delo 10: 46–49; zit. nach CA 56: 1769.

[76] Hasler A., Maier B., Sticher O. (1990), Bonn Bacans, International Symposium July 17–22, 1990, Poster 132.

[77] Peneva P., Ivancheva S., Vitkova A., Kozlovska V. (1985), Plant Science (Sofia) 22: 50–56.

[78] Langer K. (1976), Dissertation Universität Erlangen-Nürnberg.

[79] Kostennikova Z. P., Panova G. A., Dambrauskiene R. (1984), Farmatsiya (Moscow) 33: 33–35; zit. nach CA 102: 84472.

[80] Hodisan V., Tamas M., Mester I. (1985), Clujul Med 58: 378–381; zit. nach CA 105: 11828.

[81] Heisig W. (1991), Methodenentwicklung zur Identitätsprüfung pflanzlicher Drogen, Dissertationes Botanicae Bd. 167, J. Cramer, Berlin Stuttgart.

[82] Mrugasiewicz K., Lutomski J., Mścisz A. (1979), Herba Pol 25: 107–112.

[83] Vidal-Ollivier E., Babadjamian A., Maillard C., Elias R., Balansard G. (1989), Pharm Acta Helv 64: 156–158.

[84] Homöopathisches Arzneibuch 1. Ausgabe 1978, 4. Nachtrag 1985, Deutscher Apotheker Verlag Stuttgart, Govi-Verlag GmbH, Frankfurt/Main.

6 Arzneibücher und andere Monographien

Nachfolgend werden auszugsweise die wichtigsten offiziellen und inoffiziellen europäischen Monographien über Calendulae flos wiedergegeben. In Deutschland fand die Ringelblume nur Eingang in das Ergänzungsbuch zur 6. Ausgabe des Deutschen Arzneibuchs (Erg. B. 6) und das Homöopathische Arzneibuch; das Deutsche Arzneibuch selbst blieb ihr wie das Europäische Arzneibuch verschlossen, wenn man davon absieht, daß das 2. Arzneibuch der DDR (2. AB – DDR) ebenso wie die Nationale Pharmakopöe Nr. 9 der früheren UdSSR (Ross. 9) eine Monographie über Calendulae flos cum calice enthielt. Erwähnenswert sind ferner die Pharmacopée Française (PF X), die sich allerdings auf homöopathische Zubereitungen beschränkt, und die Homeopathic Pharmacopoeia of the United States (HPUS 78) sowie die British Herbal Pharmacopoeia (BHP 83) der British Herbal Medicine Association.

Amtliche Monographien über Ringelblumenblüten hat ferner das Bundesgesundheitsamt (BGA) mit den Monographien der Kommissionen D und E verabschiedet. Das BGA hat auch eine Standardzulassung für Ringelblumenblüten herausgegeben. Neben einer Monographie im Deutschen Arzneimittel-Codex, der von der Bundesvereinigung der Deutschen Apothekerverbände herausgegeben wird, ist im März 1992 seitens der ESCOP, der European Scientific Cooperation for Phytotherapy, ebenfalls ein Vorschlag für eine Monographie „Calendulae flos" und „Calendulae flos cum Herba" veröffentlicht worden.

6.1 Monographie der Kommission E beim Bundesgesundheitsamt [1] Monographie: Calendulae flos (Ringelblumenblüten)

Anwendungsgebiete

Innere lokale Anwendung: Entzündliche Veränderungen der Mund- und Rachenschleimhaut

Äußere Anwendung: Wunden, auch mit schlechter Heilungstendenz. Ulcus cruris

Gegenanzeigen: Keine bekannt.

Nebenwirkungen: Keine bekannt.

Wechselwirkungen mit anderen Mitteln: Keine bekannt.

Dosierung
Soweit nicht anders verordnet:

1–2 g Droge auf 1 Tasse Wasser (150 ml) oder
1–2 Teelöffel (2–4 ml) auf $1/4$–$1/2$ l Wasser oder als Zubereitung in Salben entsprechend 2–5 g Droge in 100 g Salbe

Art der Anwendung: Zerkleinerte Droge zur Bereitung von Aufgüssen sowie andere galenische Zubereitungen zur lokalen Anwendung.

Wirkungen: Förderung der Wundheilung; entzündungshemmende und granulationsfördernde Effekte bei lokaler Anwendung werden beschrieben.

6.2 Monographie der Kommission D beim Bundesgesundheitsamt [2] Calendula officinalis (Calendula)

Anwendungsgebiete: Die Anwendungsgebiete entsprechen dem homöopathischen Arzneimittelbild. Dazu gehören: Hauteiterungen und schlecht heilende Wunden, Quetsch-, Riß- und Defektwunden; Erfrierungen und Verbrennungen der Haut.

Gegenanzeigen: Nicht bekannt.

Nebenwirkungen: Nicht bekannt. *Hinweis:* Es können sogenannte Erstverschlimmerungen vorkommen, die jedoch ungefährlich sind.

Wechselwirkungen mit anderen Mitteln: Nicht bekannt.

Dosierung und Art der Anwendung
Soweit nicht anders verordnet:
Bei akuten Zuständen häufige Anwendung alle halbe bis ganze Stunde je 5 Tropfen oder 1 Tablette oder 10 Streu-

kügelchen oder 1 Messerspitze Verreibung einnehmen;
parenteral 1–2 ml bis 3mal täglich;
Salben 1–2mal täglich auftragen.

Bei chronischen Verlaufsformen 1–3mal täglich 5 Tropfen oder 1 Tablette oder 10 Streukügelchen oder 1 Messerspitze Verreibung einnehmen;
parenteral 1–2 ml pro Tag;
Salben 1 bis 2mal täglich auftragen.

Definition des Ausgangsmaterials: Calendula officinalis: Nach HAB 1. Verwendet werden die frischen, zur Blütezeit gesammelten oberirdischen Teile von Calendula officinalis L.

Angaben über die Herstellung des homöopathischen Arzneimittels: Nach HAB 1.

Darreichungsformen: Urtinktur, flüssige Verdünnungen, Streukügelchen, Verreibungen, Tabletten, flüssige Verdünnungen zur Injektion, Salben.

6.3 Standardzulassung „Ringelblumenblüten" [3]

Behältnisse: Geklebte Blockbodenbeutel oder Seitenfaltbeutel aus einseitig glattem, gebleichtem Natronkraftpapier 50 g/m^2, gefüttert mit geklebtem Pergamyn 40 g/m^2.

Kennzeichnung: Nach § 10 AMG, insbesondere:

Zulassungsnummer: 1209.99.99.

Art der Anwendung: Zur Bereitung eines Aufgusses zum Gurgeln oder Spülen und für Umschläge.

Hinweis: Vor Licht und Feuchtigkeit geschützt lagern.

Packungsbeilage: Nach § 11 AMG, insbesondere:

Anwendungsgebiete: Entzündungen von Haut- und Schleimhäuten; Riß-, Quetsch- und Brandwunden.

Dosierungsanleitung und Art der Anwendung: Etwa 1 bis 2 Teelöffel voll (2 bis 3 g) Ringelblumenblüten werden mit heißem Wasser (ca. 150 ml) übergossen und nach 10 Minuten durch ein Teesieb gegeben. Soweit nicht anders verordnet, wird bei Entzündungen im Mund- und Rachenraum mit dem noch warmen Aufguß mehrmals täglich gespült oder gegurgelt.

Zur Behandlung von Wunden wird Leinen oder ein ähnliches Material mit dem Aufguß durchtränkt und auf die Wunden gelegt. Die Umschläge werden mehrmals täglich gewechselt.

Hinweis: Vor Licht und Feuchtigkeit geschützt aufbewahren.

6.4 Homöopathisches Arzneibuch, 1. Ausgabe [4]
Calendula officinalis – Calendula

Verwendet werden die frischen, zur Blütezeit gesammelten oberirdischen Teile von Calendula officinalis L.

Beschreibung: Die Pflanze hat einen balsamisch-harzigen Geruch. Sie hat einen kantigen, aufrechten und meist 30 bis 40 cm langen, schwach behaarten Stengel. Die Blätter sind wechselständig, sitzend, etwas fleischig, ganzrandig oder schwach gezähnt und ebenfalls schwach behaart. Die unteren Blätter sind länglich-spatelig, die oberen länglich-lanzettlich und mit ihrem abgerundeten Grund stengelumfassend. Die Blütenköpfchen stehen einzeln am Ende des Stengels und haben meist einen Durchmesser von 3 bis 5 cm. Die Hülle ist halbkugelig, die Hüllblättchen sind zweireihig und dreizähnig, zungenförmig mit vier Hauptnerven und etwa 2,5 cm lang; die röhrenförmigen Scheibenblüten sind dunkelgelb bis bräunlich.

Arzneiformen

Herstellung: Urtinktur und flüssige Verdünnungen nach Vorschrift 3a.

Eigenschaften: Die Urtinktur ist eine gelbgrüne bis braungrüne Flüssigkeit mit leicht aromatischem Geruch und mild würzigem Geschmack.

Prüfung auf Reinheit
Relative Dichte (Ph. Eur.): 0,895 bis 0,915
Trockenrückstand (DAB): mindestens 1,0%

6.5 Deutscher Arzneimittel-Codex [5]
Ringelblumenblüten – Calendulae flos

Droge: Die völlig entfalteten, vom Blütenstandsboden abgetrennten, getrockneten Zungenblüten gefüllter Formen von Calendula officinalis LINNÉ (Asteraceae).

Beschreibung: Schwach aromatischer Geruch; leicht bitterer, herber Geschmack.

Prüfung auf Reinheit
Fremde Bestandteile (nach Ph. Eur.): Höchstens 7,0%. Der Anteil an Hüllkelchblättern darf 5,0%, der Anteil an Früchten und sonstigen fremden Bestandteilen 2,0% nicht übersteigen. Die gelegentlich in der Droge vorkommenden Früchte sind äußerst vielgestaltig. Die kahnförmigen „Flugfrüchte" sind bis zu 12 mm lang und bis zu 9 mm breit, die „Hakenfrüchte" sind etwa 18 mm lang und 2 mm breit, die „Ringel-" oder „Larvenfrüchte" erreichen nur eine Länge von 8 mm und eine Breite von 2 mm: Die Früchte sind am Rücken mehr oder weniger kurzstachelig und mit Haken versehen.
Asche (nach DAB 10): höchstens 11,0%.

6.6 Pharmacopée Française Xe Édition [6] Calendula officinalis Pour Préparations Homéopathiques

La drogue Calendula officinalis est constituée par les sommités fleuries fraîches de Calendula officinalis L. (capitule avec environ 15 cm de tige).

Souche: La teinture mère de Calendula officinalis est préparée à la teneur en éthanol de 55 pour cent V/V, à partir des sommités fleuries fraîches de Calendula officinalis L., selon la technique des teintures mère au 1/20.

Caractère: Liquide de couleur vert brunâtre, d'odeur légèrement nauséeuse et de saveur âcre.

Teneur en éthanol: La teneur en éthanol est comprise entre 50 pour cent V/V et 60 pour cent V/V.

Résidu sec: Le résidu sec est supérieur ou égal à 0,75 pour cent.

6.7 British Herbal Pharmacopoeia 1983 [7] Calendula

Action: Spasmolytic. Mild diaphoretic. Anti-inflammatory. Anti-haemorrhagic. Emmenagogue. Vulnerary. Styptic. Antiseptic.

Indications: Gastric and duodenal ulcer. Amenorrhoea. Dysmenorrhoea. Epistaxis.
Topically: Crural ulcer. Varicose veins. Haemorrhoids. Anal eczema. Proctitis. Lymphadenoma. Inflamed cutaneous lesions. Conjunctivitis, as eye lotion.

Specific Indications: Enlarged or inflamed lymphatic nodes. Sebaceous cysts. Duodenal ulcer. Inflammatory skin lesions, acute or chronic.

Combinations used: Combines with Geranium Herb in duodenal ulcer. May be used with Ulmus and Chondrus as a lotion for cuts, bruises, burns or scalds. Combines well with Distilled Water of Witch hazel as a lotion in varicose veins; or with Hydrastis and Myrrh as an antiseptic application.

Preparations and Dosage (thrice daily): Dried florets. Dose 1–4 g or by infusion. Liquid Extract 1:1 in 40% alcohol. dose 0,5–1 ml. Tincture (B.P.C. 1934) 1:5 in 90% alcohol. Dose 0,3–1,2 ml.

6.8 Homeopathic Pharmacopoeia of the United States [8]
Calendula officinalis – Garden Marigold

History: Named Calendula because it flowers during the calends of each month. It was known as a remedy in the 16th century, but fell into disuse. It was introduced into homeopathic practice by Dr. Franz in 1838, Archiv XVII. 3, 179. (Allen's Encyc. Mat. Med. II. 419; X. 405)

Parts used: The fresh flowering tops.

Preparations
● **Tincture** ∅; Drug strength ¹/₁₀.
    Calendula, moist magma containing

solids 100 Gm., plant moisture 600 Cc. = 700.
Strong alcohol, 437 Cc.
to make one thousand cubic centimeters of tincture.
● Dilutions: 2× to contain one part tincture, four parts distilled water, five parts alcohol; 3× and higher, with dispensing alcohol.
● Medications: 3× and higher.

6.9 Europäische Monographie (ESCOP) [9].
Proposal for a European Monograph on the medicinal use of Calendulae flos and Calendulae flos cum herba

Definition: Marigold flower consists of the dried ligulate florets (complying with the German „Standardzulassungen") or of the dried composite flowers (complying with the French pharmacopoeia and the – now invalid – AB7-DDR) of Calendula officinalis L.
    The variety with relatively more ligulate florets („filled" flowers) is usually used.
    Fresh material may also be used, provided that when dried it complies with one of the above specifications.
    Marigold flowering herb consists of

the dried aerial parts of Calendula officinalis L., collected when in flower.
    Fresh material may also be used.

Constituents: Triterpenoids (oleanolic acid glycosides and triterpene alcohols) sesquiterpenoids, carotenoids, flavonoids, polysaccharides.

Action: Wound healing, anti-inflammatory, immunomodulating.

Pharmacological properties
● Granulation   stimulation – wound care in humans and in wounded rats.

- Phagocytosis stimulation in vitro, in the carbon clearance test in mice, in wounded rats and towards Escherichia coli in mice.
- Healing or suppression of gastric and duodenal ulcers in rats.
- Anti-tumoral activity in vivo in mice and in vitro;
- anti-hyperlipaemic activity (especially of the herb) in rats; choleretic activity in dogs; antibacterial, antifungal, antiviral, and antiparasitic (trichomonacidal) activity – all in vitro.

Indications: Skin and mucous membrane inflammations, badly healing wounds, mild burns, decubitus and sunburn.

Traditional uses of Calendula preparations are: Internally for the treatment of skin infections and of Herpes zoster infections. As a cholagogue and for peripheral vasodilatation.

Contra-indications: None known.

Side effects: No adverse effects confirmed.

Use during pregnancy and lactation: No adverse effects reported.

Special warnings: None required.

Interactions: None reportet.

Dosage and Mode of administration
External use:
- Infusion for compress and wound dabbing: 1–2 g/150 ml.
- Tincture for external use: either the tincture 1:10 from flowers or a tincture 1:20–1:30 from flowering herb. For wound dabbing they are applied undiluted, for compress usually diluted 1:3 with freshly boiled water.
- Ointments
- Freshly prepared poultice
Internal use:
- Tea for internal use: 5 g in 100 ml water as infusion.
- Tincture for internal use.
Dosage: A cup of the tea or 5–40 drops of the tincture, 3 times a day.

Duration of administration: No adverse effects from long term use are known.

Overdose: No toxic effects reported.

Effects on ability to drive and use machines: Nothing reported.

Literatur zu Kapitel 6

[1] Bundesanzeiger Nr. 50 v. 13. 3. 1986.
[2] Bundesanzeiger Nr. 190a v. 10. 10. 1985.
[3] Standardzulassungen für Fertigarzneimittel. Text und Kommentar (1986), Deutscher Apotheker-Verlag, Stuttgart, Govi-Verlag, Frankfurt/Main.
[4] Homöopathisches Arzneibuch, 1. Ausgabe (1978), 4. Nachtrag (1985), Govi-Verlag, Frankfurt/Main.
[5] Bundesvereinigung Deutscher Apothekerverbände (Hrsg.), Deutscher Arzneimittel-Codex (DAC) 1985 mit Ergänzungen, Deutscher Apotheker Verlag, Stuttgart, Govi-Verlag, Frankfurt/Main.
[6] La Commission Nationale de Pharmacopée (1989), Pharmacopée Française Xᵉ Édition, 6ᵉ Supplément, L'Adrapharm, Paris.
[7] British Herbal Medicine Association (eds.), British Herbal Pharmacopoeia 1983 Megaron Press, Bournemouth.
[8] American Institute of Homeopathy (1979), The Homeopathic Pharmacopoeia of the United States, 8th Edition, Vol. 1, Falls Church, Virginia.
[9] ESCOP – European Scientific Cooperative for Phytotherapy (1992), Proposals for European Monographs, Vol. 3, Meppel, The Netherlands.

Stichwortverzeichnis